VISITORS TO THE MOUNTAINS
SURVEY AND RENOVATION DESIGN OF THE BUILT HERITAGE OF
PUQI TEXTILE FACTORY

大山里的来客
蒲圻纺织厂建成遗产调查
研究与更新设计

董 哲　谭刚毅　贾艳飞　著

华中科技大学出版社
http://press.hust.edu.cn
中国·武汉

内 容 简 介

本书介绍了华中科技大学建筑与城市规划学院谭刚毅、董哲、贾艳飞等教师在 2021—2022 年指导华中科技大学建筑与城市规划学院建筑学学生对湖北省蒲圻纺织厂历史建筑进行现场调查研究、遗产价值辨析、更新设计等。根据国家"新工科"的宏观战略，针对现代工业遗产的特殊类型，结合学院对历史建筑课程的研究性教学改革，师生团队对蒲圻纺织厂的建筑遗产进行了现场调查、学术研究、更新设计三个方面的教学实践。内容涵盖社会调查、人类学史的古建筑测绘和相应的研究、设计教学等。

图书在版编目（CIP）数据

大山里的来客：蒲圻纺织厂建成遗产调查研究与更新设计 / 董哲 , 谭刚毅 , 贾艳飞著 .
– 武汉：华中科技大学出版社，2023.12
ISBN 978-7-5772-0313-3

Ⅰ . ①大… Ⅱ . ①董… ②谭… ③贾… Ⅲ . ①纺织厂 – 工业建筑 – 建筑设计 – 研究 – 湖北
Ⅳ . ① TU277

中国国家版本馆 CIP 数据核字 (2023) 第 236119 号

大山里的来客：蒲圻纺织厂建成遗产调查研究与更新设计　　董哲　谭刚毅　贾艳飞　著
DASHAN LI DE LAIKE: PUQI FANGZHICHANG JIANCHENG YICHAN DIAOCHA YANJIU YU GENGXIN SHEJI

策划编辑：易彩萍

责任编辑：易彩萍

责任监印：朱　玢

排版制作：张　靖

出版发行：华中科技大学出版社（中国 · 武汉）　　　电　　话：（027）81321913
　　　　　武汉市东湖新技术开发区华工科技园　　　　邮　　编：430223

印　　刷：湖北金港彩印有限公司

开　　本：889mm × 1194mm 1/16

印　　张：12.75

字　　数：326 千字

版　　次：2023 年 12 月第 1 版第 1 次印刷

定　　价：98.00 元

目 录 / CONTENTS

一

关于蒲纺

2021—2023 年，华中科技大学建筑系师生对蒲圻纺织厂（下文简称"蒲纺"）的历史建筑进行了调查研究与更新设计，试图以现代建成遗产的保护与更新为框架，探索当代建筑学教学的新方向。这本书是对相关教学成果的总结和讨论。

将这样一本教学研讨书的主书名命为《大山里的来客》，原因有三个层次。首先，作为我们开展研究与设计的对象，蒲圻纺织厂是 50 多年前在荆泉山里兴建的一座三线企业。三线建设是我国在 20 世纪 60 年代中期，为应对波谲云诡的国际局势，以备战为目标在中西部进行的大规模工业迁移和建设活动。在三线建设的二十多年里，几百万工人、干部、知识分子、解放军官兵在中西部建起 1100 多个大中型工矿企业、科研单位和大专院校，其选址原则就是"靠山""分散""隐蔽""进洞"。作为这 1100 余单位的一员，蒲纺由中国人民解放军原总后勤部于 1969 年底在赤壁市南约 8 千米的荆泉山区内兴建，原称中国人民解放军二三四八工程指挥部第二筹建处，落成后很快成为全国最大的化纤纺织联合企业，并且在"军转民"后一度跻身全国

蒲纺历史脉络图解

五百强企业。蒲纺厂址毗邻陆水河和京广铁路，逾2.3平方千米的纺织、针织、丝织、服装、印染、热电厂区沿公路线呈马蹄状分散在10平方千米的山区里，总人数近3万的职工及其家属正可谓是大山里的来客。而大山对于蒲纺而言，是"成也萧何，败也萧何"。闭塞的环境不但让蒲纺从20世纪90年代起逐渐落伍至破产，而且也成为今天蒲纺产业转型和遗产活化的一大困难。

将《大山里的来客》作为主书名的第二层原因，是我们这群来到蒲纺开展教学的师生也可谓大山的客人。作为湖北境内保存较为完好的三线建设遗存，蒲纺这些年来都是华中科技大学建筑历史与理论团队的研究对象。从2021年夏天开始，结合"古建测绘""建成遗产保护理论与案例""毕业设计"等本科生以及研究生教学课程，我们完成了对蒲纺建成遗产的调查研究与活化设计，对于蒲纺的认识也逐渐变得丰富和具体。

2021年夏，作为本科三年级"古建测绘"的一个分队，建筑系师生20余人前往蒲纺进行历史建筑调查。考虑到三线建设的建成环境特征，我们挑选热电厂主厂房、六米桥影剧院（原为工人俱乐部）、朝阳坪集合住宅三个

蒲纺地区航拍图

测绘队伍在二三四八纪念馆合影

类型的建筑作为测绘对象，并在测绘图的基础上完成了工业建筑遗产的工艺与结构构件调查、影剧院公共空间日常使用轨迹分析、集合住宅居住户型与空间改造考现等三个主题的研究。针对现代建成遗产的特点，我们引入档案研究、口述访谈、生活考现和数字化测绘等调查方法，而且在图纸表达上借鉴了设计图纸的部分规范（表1-1）。2021年秋，测绘调查的成果荣获首届全国大学生历史建筑调研竞赛二等奖，而且被赤壁市档案馆收藏、展览。

2021年冬至2022年春，华中科技大学成为"全国高校城乡建成遗产保护'10+'联合毕业设计"的轮值主办单位，组织同济大学、东南大学、华南理工大学等10所院校的建筑学、城乡规划、历史建筑保护等专业的学生进行联合毕业设计。我们以"亦城亦乡，历建新生"为主题，将设计题目定为蒲纺的三线建成遗产的保护与活化设计，设立热电厂和六米桥两个可选片区，和其他院校一道按社会调研、城市设计、建筑设计三个阶段开展设计教学。2022年6月2日，华中科技大学的7名学生和其他院校学生一道顺利完成了线上毕业设计答辩，其中一位学生的作业获得了优秀毕业设计的荣誉。

2021年到2023年，建筑系多位2020级硕士研究生对蒲纺三线建成遗产进行了建筑模式语言、基建处机构史、三线遗产价值、遗产活化策略等主题研究，完成了硕士论文《三线建设企业案例研究——湖北蒲圻纺织总厂》（武汉：华中科技大学，2023），期刊与会议论文《三线建设的设计实践与教育培养——以三线建设厂矿基建处建筑师口述访谈为线索》（《时代建筑》，2022：02）、《蒲纺三线建设工业遗产现状解析与再利用探究——以蒲纺热电厂为例》（《华中建筑》，2022：04）、《多视角口述历史下三线建设工业遗产基本价值梳理——以蒲圻纺织总厂为例》（《第五辑中国建筑口述史文库》），并为三线教育空间等其他主题的研究提供了素材。

在2021—2023年两年多的时间里，我们完成了包含调查、研究、活化设计等相对完整的遗产教学周期。在这个周期中，我们始终面对现代建成遗产的问题，为此制定了新的教学目标与教学内容，尝试了不同的教学组织方式与成果表达的方法，其中关于教学的探索是连续性和实验性的。经过这些探索，我们认为现代建成遗产可以成为建筑学高年级学生综合性、思辨性、实践性的统筹教学命题，而且在国家大力倡导文化遗产保护和新工科建设的背景下，为本专业发展提供了一个潜在方向。期望这本书能够反映我们一些关于现代建成遗产教学的思考、讨论与经验教训；也期望这本书能够传达我们作为拜访蒲纺三线遗产的客人，从当地人那里共情到的对过去的执着和对变化的希冀。

我们将《大山里的来客》作为主书名的第三层原因，即每位翻开这本书的读者都能透过我们的教学或多或少了解这个地方，感受当地人对三线遗产的牵绊，甚至和我们一起思索这些现代建成遗产如何能够重新焕发活力。从这个角度来说，每位读者和2021年的我们以及20世纪六七十年代的三线建设者一样，也是荆泉山的客人。期望客人们到来之后，从大山里获得的不只是"靠山""隐蔽"的历史，更是走向未来的希望与决心。

表 1-1 测绘日程安排

日期	热电厂组工作内容与成果		影剧院组工作内容与成果		住宅区组工作内容与成果	
7.1	场地观察	①参观二三四八博物馆，基本了解蒲纺的相关历史，并通过馆藏文物建立印象上的历史关联；②参观三个测绘地点——热电厂、六米桥影剧院、朝阳坪总厂机关住宅区，认识到新的建筑观察视角和历史建筑特点；③偶遇几位获得入党五十周年纪念章的老一辈同志，获取了联系方式，为后续访谈安排做准备；④测绘分组	场地观察	①参观二三四八博物馆，基本了解蒲纺的相关历史，熟悉三线建设相关背景，熟悉蒲纺的发展历程；②参观三个测绘地点——热电厂、六米桥影剧院、朝阳坪总厂机关住宅区，对测绘对象形成初步认知；③分组，抽签，确定测绘六米桥影剧院；④晚饭后随机采访路人，了解影剧院历史	场地观察	①参观二三四八博物馆，基本了解蒲纺的相关历史，并通过馆藏文物建立印象上的历史关联；②在旅馆向当地阿姨了解相关经历；③参观三个测绘地点——热电厂、六米桥影剧院、朝阳坪总厂机关住宅区，认识到新的建筑观察视角和历史建筑特点；④分组，抽签，确定测绘朝阳坪住宅区
7.2	访谈、确定测绘场地	①联系到原热电厂工人顾爷爷，了解其在热电厂工作三十年的生活轨迹，对热电厂的整体布局\工人的工作模式和日常生活、厂内设备设施等有了初步了解，基本了解蒲纺三线建设的历史；②进入厂区各建筑内，更为细致地观察其内部状况，同时行走到半山腰，深入了解周边环境与厂区的关系；③与老师讨论，确定最后的测绘范围以及图纸细化程度	场地及建筑草图绘制	①完成六米桥影剧院周边环境及建筑整体测绘，整理测绘数据，绘制测绘草图；②在社区工作人员的帮助下，联系影剧院管理人员，对建筑内部环境进行初步感知；③对影剧院周边居民进行访谈，内容包括蒲纺工人生活、生产活动与日常生活等	访谈、楼梯草图	①找到合适的访谈联络人，对住宅区1号楼的101住户和302住户进行了相关访谈，对蒲纺当年工人的工作模式、居住方式、日常生活、商业设施等有了初步了解；②完成住宅区两个公共楼梯的测绘工作；③完成访谈的成果报告，在和老师、硕士研究生讨论后完善下一次的访谈问题和表现方式
7.3	热电厂主厂区草图绘制	完成热电厂主厂区的一层平面图、立面图、剖面图（即建筑内结构构建的轴测图）的草图绘制	建筑立面及平面草图绘制、访谈	①完成六米桥影剧院立面及一层平面测绘，整理测绘数据，绘制测绘草图；②对影剧院周边居民进行访谈，内容聚焦于居民生活和影剧院空间使用；③联系影剧院著名表演者，对其进行访谈，了解影剧院空间使用具体细节；④整理访谈结果，完善访谈方式并确定访谈目的	户型3号楼立面草图、区域草图	①整理草图，讨论分析图和表现图的表达内容及方式；②确定3号楼、4号楼为测绘对象（典型户型、典型楼栋），观察户型分布和3种入户方式；③完成3号楼南立面、北立面、东立面草图绘制
7.4	热电厂主厂区草图绘制	完成热电厂主厂区的一层平面图、立面图、剖面图（即建筑内结构构建的轴测图）的草图绘制	建筑立面及剖面草图绘制、访谈	①完成六米桥影剧院各层平面及其细节测绘，整理测绘数据，绘制测绘草图；②完成六米桥影剧院场地剖面测绘，整理测绘数据，绘制测绘草图；③通过测绘加深对建筑结构体系的认知，梳理建筑剖面测绘逻辑；④联系影剧院设备管理员，对其进行访谈，重点了解影剧院各功能空间及相关设备的使用细节	访谈、审图、跃进门草图	①完成4号楼3个户型（一至三层）住户、3号楼二层住户的全面访谈。由此测绘户型的所有相关住户的访谈信息都已完成；②初步检查立面草图；③完成跃进门立面、平面的草图绘制

续表

日期	热电厂组工作内容与成果		影剧院组工作内容与成果		住宅区组工作内容与成果	
7.5	结束草图绘制、查图、小组对图、订正	①完成热电厂横剖面图、二厂门立面剖面图、除尘塔的绘制；②再次去往场地补充图纸信息；③核对平、立、剖图纸之间的对应关系，对厂区部分看不清、无法到达的地方进行讨论	完成草图绘制、结束外业、查图、访谈	①绘制建筑剖面图，完成整套草图绘制；②查图确定图纸问题，完善修改；③依据找寻影剧院集体生活记忆的访谈主题，访谈附近居民，还原不同年代影剧院的使用场景	结束草图绘制、查图、小组对图订正	①查图确定图纸问题，完善修改；②核对三张立面图纸之间的关系，核对立面图与平面户型是否对应，组内对图，共同整理6个户型图纸；③补充图纸信息
7.6	测量	①使用全站仪完成对热电厂主厂区场地高差的测绘；②完成热电厂主厂区立面数据的测绘	测绘细部、完善测绘数据	①完成建筑细部测绘，标明建筑设备尺寸及位置；②补充遗漏数据，如剧场舞台耳光室、放映室等	测量	①完成3号楼三个立面的数据测量工作；②在改建痕迹中找到原始立面的样本，记录绘制
7.7	测量、访谈	①使用卷尺对主厂区做进一步的测量，完成各张图纸上的细部信息绘制；②对热电厂主厂区建筑设计师翁总进行了采访，翁总对我们在现场测绘遇到的诸多疑问作出了解答，对厂区建设时的实际情况进行了详细的讲述；③偶遇到一位对热电厂厂区非常熟悉的老员工，深入了解到厂区的历史及热电厂整体运转的流程	测绘建筑细部、补测遗漏数据、绘制仪器草图	①测量建筑结构具体细节，如门窗、雨棚等。②补充遗漏数据。③依据草图绘制仪器草图	测量、核对数据	①用水准仪测量两个大公共坡道的坡度、距离等数据；②核对户型立面与平面的数据
7.8	补测、绘制仪器草图	①进行仪器草图绘制，完成数据核对；②查图，查看图纸绘制情况，发现图纸问题；③夜晚对之前的工作内容进行了一次总结，大家积极分享测绘感悟	绘制仪器草图、访谈	①访谈蒲纺工业园的马主任与老文工团的编导张导，进一步加深对蒲纺历史的理解；②绘制仪器草图，初步确定图纸表达重点；③查图，指出图纸问题	补测、绘制仪器草图	①补测3号楼遗漏的小数据；②查图，确定图纸问题和数据差，确定要表达的结构；③完成数据核对，确定仪器草图内容，以4号楼为核心进行表达
7.9	图像采集、绘制仪器草图	①完成热电厂厂区全面图像采集；③完成一层平面图、剖面图、南立面图仪器草图绘制	数据补测，绘制仪器草图、访谈	①补充遗漏数据，便于后期图纸绘制；②绘制仪器草图；③参加蒲纺职工座谈会	图像采集、确定结构、绘制仪器草图	①完成朝阳坪楼栋和社区环境的全面图像采集；②访谈住宅区总设计师，观察确定楼栋结构；③完成4号楼纵剖面的仪器草图绘制
7.10	查图、合影留念	①全组最终查图，完成外业测绘工作；②齐聚热电厂，进行测绘合影留念	图像采集、查图补充、参观	①完成六米桥影剧院及其周边环境的全面图像采集；②全组最终查图，完成外业测绘工作；③参观羊楼洞古镇	查图、补充、参观	①全组最终查图，完成外业测绘工作；②补充楼栋细节的观察记录；③参观羊楼洞古镇，发现相似结构。
7.11—7.21	内业、机出图	基本完成测绘图纸的CAD绘制及无人机扫描模型的计算工作	内业、机出图	完成电脑绘图的工作	内业、机出图	基本完成测绘图纸的绘制工作。个人：4号楼纵剖面图、横剖面图、北立面图，3号楼一至三层户型平面图

表 1-2　蒲纺测绘建筑的三个类型

建筑类型	测绘对象	建设年代	照片	设计研究主题	调查方法
工业厂房	蒲纺热电厂厂房	1969—1972 年		工业建筑结构及构件分析	工业遗产考古学调查，历史图档研究
文化建筑	蒲纺六米桥工人影剧院	1977—1979 年		建筑空间日常使用模式与生活轨迹分析	口述访谈，人类学参与观察
集体住宅	蒲纺朝阳坪集合住宅	1978—1979 年		居住户型与居住空间改造民族志	口述访谈，民族志调查

表 1-3 2022 年联合毕业设计工作日程

"亦城亦乡 历建新生"2022年全国高校城乡建成遗产保护"10+"联合毕业设计工作日程

*本计划依据通用任务书及课程时间表初步拟定，作为毕业设计的基本时间框架，各小组和个人可根据情况调整时间安排、工作顺序及工作内容

	阶段	前期研究与调研（4周）					
1月	时间节点	1月5日（课堂）	1月8日—1月9日	1月15日—1月17日	1月22日		
	工作内容	文献阅读与交流	场地调研、现场访谈	部分院校场地调研	线上开题与讲座		
	阶段	社会调研/遗产取证（2周）					
2月	时间节点	2月23日（课堂）					
	工作内容	寒假阶段研究工作汇报					
	阶段	社会调研/遗产取证（2周）		城市设计/遗产技术（4.5周）			
	时间节点	3月1日（课堂）		3月4日（课堂）	3月5日—3月6日	3月8日（课堂）	3月11日（课堂）	3月13日
3月	工作内容	前期调研内容汇报		城市研究（空间注记、城市环境空间节点分析、深入调研计划）	部分院校场地调研	城市研究与分析图解（活动场景、空间要素、人物、事件等，各小组自定）	提出城市剧本构想以及归纳当地现状问题	提交社会调研/遗产取证阶段成果
	阶段	城市设计/遗产技术（4.5周）					
	时间节点	3月15日（课堂）	3月18日（课堂）	3月22日（课堂）	3月25日（课堂）	3月26日或4月2日	3月29日（课堂）
	工作内容	对标案例分析以及城市设计策略提出	城市设计功能策划与分区、城市空间结构与形态	城市设计公共空间系统、绿地系统、景观视线	前两次课（城市设计内容的深化与推敲）	中期评图、交流与小型讲座	城市设计重点节点（结合各自意向的建筑设计对象）
	阶段	城市设计/遗产技术		建筑设计/保护活化（5.5周）			
	时间节点	4月1日（课堂）	4月5日（课堂）	4月8日（课堂）	4月12日（课堂）	4月15日（课堂）	4月17日	4月19日（课堂）
4月	工作内容	城市设计重点节点（结合各自意向的建筑设计对象）	清明节放假	基于城市设计进行深入的功能策划	提出建筑设计部分任务书、相关案例解读	提出建筑方案概念	提交城市设计/保护活化阶段成果	建筑方案修改与深化
	阶段	建筑设计/保护活化（5.5周）					
	时间节点	4月18日—4月24日	4月22日（课堂）	4月26日（课堂）	4月29日（课堂）		
	工作内容	中期检查（成绩占30%）	建筑方案修改与深化（总平面布局确定）	建筑方案修改与深化	建筑方案修改与深化		
	阶段	建筑设计/保护活化（5.5周）			出图/成果制作/答辩准备（1.5周）		
5月	时间节点	5月3日（课堂）	5月6日（课堂）	5月10日（课堂）	5月13日（课堂）	5月16日—5月22日	5月17日（课堂）	5月20日（课堂）
	工作内容	劳动节放假	建筑方案修改与深化（确定各层平面与剖面）	建筑方案修改与深化（确定重要节点构造方案）	建筑方案修改与深化、图纸表达	资格预审、网络查重	图纸、模型及汇报文件制作	图纸、模型及汇报文件制作
	阶段	答辩/成果展					
	时间节点	5月23日—5月29日					
	工作内容	毕业设计展					
	阶段	答辩/成果展					
6月	时间节点	5月30日—6月5日					
	工作内容	毕业设计答辩（成绩占30%）					

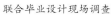

联合毕业设计现场调查

联合毕业设计线上答辩

教学研讨

TEACHING DISCUSSION

在完成蒲纺的调查、研究、活化设计教学之后，我们一直在反思和总结这段教学探索。这里用问答的形式初步呈现我们的思考和讨论。

谭刚毅　　　　　　以下简称谭

贾艳飞　　　　　　以下简称贾

董哲　　　　　　　以下简称董

问题：您是从什么样的角度入手，展开建成遗产相关的研究与教学的？

谭：我本身做传统民居的历史与理论研究，自然会接触到很多传统聚落、历史建筑和相关的文化遗产，也自然会思考如何去认知和研究这些建成遗产，思考如何保护和活化利用它们。研究的过程可能并不是那种简单的扒史堆，而是更多地从人类设计经验集成的角度去认知这些文化遗产。我特别喜欢设计，而文化遗产的保护规划或者是保护修缮，以及相关的活化利用，其实都需要有很强的设计思维。我在做建成遗产的相关研究和教学时，特别重视设计智慧的发掘和设计思维的传授。因为不管是在历史环境中的设计、建成遗产的活化利用，还是新建筑的设计，其实很重要的都是要认知设计对象——遗产本体或新建筑。通过对象本身的特性及周边环境的价值和意义，分析相应的诉求。通过设计提供综合的解决策略，进行妥善、合理、合法与合适的保护和利用，也就是适应性再利用（adaptive reuse），从这点来讲，我一直认为建成遗产保护其实是跟现代建筑设计相通的。且不说在材料构造的原理、新旧材料和技术的运用等方面，从大的方面看也是同理、触类旁通的。

董：我本科就读于天津大学的建筑学专业，曾随着丁垚老师参与一些辽代建筑的调查。硕士阶段到美国跟赖德霖老师学习近现代建筑史，博士阶段跟随李士桥老师继续研究现代中国的纪念性建筑与艺术。所以，我对建成遗产的理解往往从建筑史的角度入手，从纪念性甚至所谓"官式"的建筑入手，从建筑历史与理论的经典概念——"形式""风格""空间"等入手。当然，这并不意味着我对非官式、非经典、非传统营造不感兴趣。正是因为对现代社会和日常实践着迷，我才从"古代"转向"现代"，至今仍持续研究这一时期的建筑与城市。

建筑历史与理论和建成遗产研究确实有所不同。比如，我不太了解遗产价值评估的体系和历史建筑病害的诊断，但是一直在学习相关知识。我在建成遗产的教学中总在思考"历史"和"遗产"的关系，觉得二者有某种图底关系。俗话说，"一切历史都是当代史"，或许当我们强调历史研究的话语结构和社会价值时，"历史"就变成了"遗产"。"遗产"可以是"历史"的扩展，传统的建筑历史与理论话语也可以是搭建建成遗产研究结构的有效途径。

问题：您对华中科技大学的建成遗产教学有怎样的认识与思考？

谭：我对我们学校的建成遗产教学也是基于前述的思考。我们的团队关注建成遗产不同类型的发掘，开拓新的建成遗产对象的研究和保护工作，同时更多地思考文化遗产如何见证我们的社会、文化、历史，以及产生的重要影响。更关键的是如何通过恰当的修缮保护设计方法来让建成遗产的价值得以存续及增益。

董：华中科技大学建筑系的遗产团队包括李晓峰、谭刚毅等十多位老师，工作方向以华中地区为主，在传统村落和民居建筑等领域有深厚积淀，对汉口租界建筑和三线建设等近现代议题也有领先的研究。建筑系外，规划系有关注城乡文化遗产保护的何依老师，景观系有关注近现代园林遗产的赵纪军老师。学院正打破传统的教学体制，探索跨系遗产保护的精细化培养方向。

问题：您认为蒲圻纺织厂的建成遗产有怎样的特色？

谭：我觉得蒲纺建成遗产最大的特点在于它是一个非常完整的工业聚落。它是以当年部队的后勤装备、服装制作为主业形成的生产、生活密切关联且产业链条相对完整的工业生产群落。它留存的遗产要素（包括工业遗产主体要素和环境风貌特征）都保存得相对完好，也特别整体。不但是那个时代典型的生产生活方式的遗存，也留存有相应的建造技艺和工业生产流程等工业遗产方面的信息。还有就是其有着亦城亦乡、非城非乡的建成环境特色。

贾：2006年夏天，我第一次邂逅蒲纺。当时，自己还是一名大三的学生，跟着武汉大学城市设计学院的李军教授考察蒲纺。当时是晚春光景，鄂东南已是郁郁葱葱的场景，劲松副局长作为向导，带领我们一行到达蒲纺。

从赤壁市老城南侧的东洲大桥穿过京广铁路和发展大道交叉的隧道，街旁的景观逐渐变化，场景就像一部电影，逐步把我们拉到20世纪70年代的光景。车行到发展大道南端，跨过陆水湖的水岔子，就到了桂花树路上。两侧逐渐出现高低折行的蒸汽管道，两侧的房子逐渐变成了红砖房子。路过蒲纺医院的时候，当地人给我们讲了一个故事，带给我一个非常婉凄的情绪铺垫。20世纪80年代蒲纺效益好的时候，医院最好的科室是骨科，因为很多生产环节容易伤到人。但是到了2000年后，这里最好的科室是精神科，因为有些同志受不了蒲纺的衰落，出现了很多精神问题。

到了六米桥,明显感受到曾经的热闹。两侧的房子是典型的工厂家属院,还有小四川等各种地方菜系的小饭馆。虽然热闹不再,但是场景依稀可辨,说明当时有很多五湖四海的工人来到这里参与建设。再往南走,还没有现在的翠泉花苑,但是对面有几栋房子,当地人告诉我们,当时赤壁籍的几位高级将领退休后选择住在设施方便的蒲纺。路过纺织分厂的时候,陪同人员告诉我们一些当时很有趣的故事。纺织厂的女工多,当时效益好的时候,她们的择偶要求也高。很多想找对象的男同志就在厂门口骑着二八大杠的自行车等着,看到中意的姑娘,就托人去介绍。慢慢地就走到蒲纺管委会的大楼前,两侧有连廊、假山水池,还有升旗台。旁边就是赤壁市 1 号公交车的起点。当地人说,当时是蒲纺先有汽车的,赤壁市是后来才有的。蒲纺通了公交车之后,赤壁市才有公交车。两侧山峦上的竹海涛声阵阵,蒲纺的厂区和住宅区显得非常安静。旁边餐厅的两侧墙壁上挂满了很多历史场景照片,展示蒲纺在不同建设时期的历程。我们后续还详细参观了热电厂、六米桥影剧院和其他几个厂区、住宅区。当地的向导指着朝阳坪下面的一个废房子说是当年的澡堂,非常热闹……现在就只剩一些残垣断壁。

当时作为一名大三的学生,我第一次接触这种工业建成环境。在六米桥露天剧场依山而建的看台上,远看陆水湖和华新电厂,脑海中萌生了一系列问题:为什么在热火朝天的城市化进程中这里这么萧条?为什么大山深处有这样一片特殊的厂区?为什么这么多老人远离城区?他们怎么生活?

幕阜山的秀美、陆水湖的浩渺、蒲纺的萧条,在聆听蒲纺历史的过程中,我慢慢了解了它的建成环境,并在心里埋下了关注工业建成环境的种子。后来本科毕业设计做的就是工业建成环境的再设计,这正是蒲纺带给我的启发。

问题:您在蒲圻纺织厂相关教学活动中有哪些收获?

谭:一个感触是这类遗产保护确确实实要重视中观及宏观层面的调研。既然是聚落型的建成遗产,一定要加强中观及宏观层面也就是城市设计层面的工作。通过城市漫步者的视角来进行空间的注记,找寻一些不被关注的遗产信息,凸显遗产生活性和日常性的内容。

另一个感触是不同院校的关注点不一样,有的可能会更关注当年的建造过程、物料的输送手段,有的更关注不同的历史建筑类型。不同院校关注的焦点都不一样,所以说这个教学活动特别开阔思维。

还有一个很大的收获是我们对待遗产和对待历史要有敬畏的心态,但是我们也要有举重若轻的设计策略,而不是背上历史的包袱。有时候需要化繁为简,通过一些具有创意的设计,将一些空间激活。不但保护好遗产信息,也使其发挥新的历史作用。

贾:到华中科技大学担任教职后,忙忙碌碌,很少再到蒲纺来。在 2014 年帮助赤壁市申请省级历史文化街区的时候,我又来了一次,发现很多地方更加败落。但是我在纺织厂片区听到了织布声,蒲纺博物馆也在筹备建设,我也了解到蒲纺管委会的困难,有好的变化，也有无能为力的无助感。

偶然听到谭刚毅老师关注湖北三线的建设历史，蒲纺真正的价值慢慢被谭老师团队系统挖掘出来。团队决定从蒲纺开始研究工作，我也非常高兴可以再次回到蒲纺。一个偶然的巧合，我读了《代号二三四八》这本书，是一位名叫王老建的蒲纺子弟写的。与其称其为一本小说，不如形容其为一本纪实文学。我几乎是一口气读完了这本书，全面地了解了蒲纺的前世今生，也了解了建设蒲纺的那些"好人好马上三线"建设英雄们当年如何筚路蓝缕，如何在穿着工装时组织浪漫的诗会。蒲纺从初建的地处偏僻，到纺织工业的繁荣，再到市场化进程中的衰落，两三代蒲纺人在这里奉献，是值得记录的。

谭老师、董哲老师和我带着团队，决定对蒲纺进行测绘，开始对蒲纺进行系统记录。蒲纺太大了，只能从代表性的片区开始。团队最终决定以六米桥影剧院、热电厂厂区、朝阳坪居住区作为代表进行测绘工作。2021年的夏天酷热，为了离基地更近一些，我们选择在蒲纺宾馆下榻。事实上这是个已经没有接待能力的二层小宾馆，房屋里又潮又湿，一台破旧的空调根本没有什么制冷效果。学生们白天扛着仪器分组到自己的基地去，中午最热的时候回到楼下餐厅休息，因为餐厅的空调管用些。傍晚等着太阳下山后再回来，因为这个时候热气减退，学生们一直坚持到一点余晖退尽再收工。大家在餐厅里吃完饭后开始画测绘草图，讨论各种问题。碰上路边卖西瓜的小摊贩叫卖，买上几个，大家一起边吃边聊。昏暗的灯光、湿漉漉的暑气，直到大家累得干不动了，回到屋里倒头就睡，顾不上潮湿的被褥和湿腐的空气。学生们克服了工业厂房高大、特殊的特征：热电厂的蒸汽管，本来应该是无缝钢管，先辈建设者们用石头砌筑成恢宏的蒸汽管阵列；热电厂内部的设施都被拆除，留下很多结构不清晰的空间，学生们先要了解当时的工艺，再去逐步推断空间的组织方式；六米桥影剧院的屋顶很高，很难爬上去观察构造，只能靠不断推敲来确定。年轻的学生们，一个个晒得明显黑了，几个女孩子也不扭捏，扛装备、组织工作、做计划，做得有章有法。

经过两周的测量及绘制，蒲纺几个典型片区的测绘图基本绘制出来后，我们做了个展览。但劲松局长听到后，特意要了图纸到赤壁博物馆展览。距离第一次来蒲纺近20年后，我和几位同事一起做了一点微不足道的工作，迟到的记录也算对蒲纺有些交代。

董：对蒲纺的测绘是我第一次深入参与现代工业遗产的教学，不但让我深刻体验建成遗产的研究工作，而且让我有机会调动各方面知识，同团队一起塑造较为创新的遗产研究与教学体系。

在调查阶段，根据蒲纺现代建成遗产的特色，我们在传统古建筑测绘的基础上，探索了现代建成遗产测绘的工作体系。

①将测绘教学目标更新为：通过测绘调查，用逆向设计的思路，观察并理解现代建筑的三种类型，即以热电厂为代表的工业厂房、以影剧院为代表的文化建筑、以住宅区为代表的集体住宅。

②将调查资料扩展为：原始图档，现状测绘图纸，倾斜摄影和激光扫描等数字化记录，工业遗产调查表，蒲纺生产、建设、生活的口述资料，现场田野调查笔记与图解。

③将调查方法扩展为：传统测绘方法，全站仪、无人机、激光扫描等数字化测绘方法，历史档案研究，人类学参与观察和半结构访谈。

④将表达方式扩展为：附有破损信息、档案信息、设计信息的建筑测绘图纸，包括生产工艺、建造体系、使用方式、人群轨迹的建筑图解。

表 1-4　蒲纺测绘工作安排 [1]

教学环节		工作内容	教学要求要点	增加内容
预备期	教师准备	了解所测对象历史背景及法式特征，搜集相关文献和图纸；勘查现场，确认工作条件，制定测量方案，明确工作重点、所需人数、设备、分工等；培训辅导教师和研究生助教		关注测绘对象承担的现代化生产工艺和社会生活，判定测绘对象的建筑类型与特征，针对性设置测绘实践目标并制定工作方案
	课堂讲授	讲解测绘基本知识及测量学知识的运用，观看教学录像；讲授调研报告撰写方法，学习范文	学生应熟悉测绘工作程序，初步了解测量学相关知识及操作方法	介绍所测对象反映的现代建筑类型及发展脉络，以及该建筑类型基本的材料、结构、构造知识；初步讲解社会调查方法和数字化测绘技术
现场操作	现场调研	在教师引导下实地参观拟测建筑，了解其历史背景及周围环境，采访当地相关专家和故老	充分了解建筑的相关背景、周边建筑环境及其历史变迁，熟悉现场条件，充实中国古建筑知识	关注城市尺度的总平面关系及其反映的现代化生产生活体系；引导学生关注建筑策划和设计的逻辑，观察建筑物的改造过程，思考现代建筑遗产的价值
	安全教育	对学生进行安全教育，明确安全规程和责任	树立安全第一意识，牢记安全守则，能对突发情况作出正确反应并处理	—
	现场集中授课	讲解测绘操作各环节的方法和技巧	掌握测量方法和技巧，正确处理相关问题	—
	社会调查	在教师指导下开展简单的社会调查，考察建筑物承担的生产和生活功能	—	穿插在测绘阶段进行
	档案耙梳	在教师指导下视条件搜集、研究当地可能留存的建设历史资料	—	穿插在测绘阶段进行
	勾画草图	在教师指导下分组绘制草图	投影正确，细节交代清楚，便于标注测量数据	—
	测量操作	在教师指导下分组测量,记录数据；总图组要进行总图测绘及单体建筑控制测量	安全第一，细心绘制，认真测量，随时整理数据，团结协作，做好工作日志记录	结合数字化测绘技术，适当简化现场的人工测量工作
	数据整理	在教师指导下分组对数据进行分析和整理，填写数据表格	随时对照实物进行核对，及时复测	—

---

1 王其亨，吴葱，白成军 . 古建筑测绘 [M]. 北京：中国建筑工业出版社，2006.
本表格将其适当简化，并新增楷体字部分表示适用于现代建筑测绘的教学内容。

续表

教学环节		工作内容	教学要求要点	增加内容
现场操作	绘制仪器草图，校核，改正	在教师指导下，依据数据整理结果绘制仪器草图，验证数据，修正数据表格；如用全站仪测绘总图，则可直接将数据导入计算机进行处理。教师现场比照实物进行核校，若发现错误，发回改正	仪器草图须标注尺寸，并应随时核对实物，及时发现问题，随时复测或补测；不同视图对应无误，并与实物进行核对，全部无误才能结束	结合数字化测绘数据绘制
	摄影摄像	拍摄照片、录像，以记录测量对象	全面反映建筑环境、空间、造型、色彩、结构、装饰、附属文物等信息	—
	小组交流	教师引导学生从设计师的视角观察和讨论测绘对象	—	穿插在测绘阶段进行
	工作日志	记录工作状态及重大事件、相关发现等	具体到每个工作日；强调现场发现的有关传统建筑艺术与技术的问题	配合小组交流，对测绘对象进行专题性的思考和讨论
计算机绘图	课堂讲授	讲授图纸要求，培训计算机制图高级技巧	明确计算机绘图中古建筑制图的特殊要求	对比传统测绘制图和设计生产绘图的不同，明确现代建筑遗产测绘作图的模式
	上机制图	在教师指导下，根据现场工作相关成果上机制图	严谨认真，符合制图规范和要求，保证组内协调一致	可安排教师以专业实践绘图标准把控学生的图纸
	研究性图解	—	—	针对测绘对象的建筑类型与特征确定
	图纸整理验收	打印制作，教师验收	—	
	成果存档	包括最终图纸及测高、数据表的存档	—	
撰写调查报告	撰写报告	结合工作日志，注意总结提高，突出学术性	—	结合图解创新撰写实践报告内容，如对生产工艺、建筑类型、结构体系的专题研究

在研究阶段，我们不但探讨了蒲纺建筑的历史脉络、形态类型、营造制度、结构材料等传统的建成遗产研究话题，而且根据蒲纺的特殊性，提出了"基建处的地方实践制度""三线建成遗产的建构工艺""现代建成遗产的社会价值辨析"等新的建筑理论议题，探索了中国现代建筑历史与建成遗产领域的新边界。

在更新设计阶段，我们和学生一起研究产业策略，梳理场地条件，深化更新设计，在一步步的学习中熟悉了现代建成遗产更新的流程和要点，按不同线索为蒲纺制定出几种遗产活化方案，包括但不限于以下几种。

①从工业建筑的空间与结构特色入手，将工业厂房改造为博览空间。

②从工人影剧院提供的剧场体验入手，将影剧院改造为复合舞台。

③从康养产业策划入手，将办公区和宿舍区改造为分散式酒店。

④从三线城镇常见的城市剖面关系入手，在厂区植入时空体验节点。

⑤从三线城镇的步行可达性入手，将工人影剧院更新为城市客厅。

在九校联合的评图交流中，我们了解到同济大学等院校切入题目的角度是历史建筑病害分析和结构维护，和我们设计导向的更新形成了互补的对话关系，这让我们更深入地理解了建成遗产研究的不同面向。

可以说，通过蒲纺，我们完成了从逆向到正向的系统性、综合性、研究性的更新设计训练。

问题：您在指导蒲纺调查研究和更新设计之后，对此次教学过程有怎样突出的回忆或感受？

董：对蒲纺的教学包含调查、研究、设计三个阶段。各阶段有不同的目标，面对不同的挑战，获得不同的最终成果，所开展的教学实践是相对独立的。

①在测绘阶段，目标是现代建成遗产的测绘，挑战是如何记录和表现现代建筑的巨大尺寸、陌生功能、复杂建构，成果是测绘图纸和分析图解。

②在研究阶段，目标是达成对蒲纺三线遗产更深的理论理解，挑战是如何从具体材料中总结出本土特色的建筑理论议题，成果是学术论文。

③在设计阶段，目标是针对真实且复杂的历史建筑现状完成系统的更新提案，挑战是如何达成综合性的设计训练，即整合多方面的知识、跨越多个尺度、进行全过程的历史建筑活化的研究性设计，最终成果是本科毕业设计作品。

尽管以上三个阶段在当初是相对独立的，但对其进行总结时，我们仍然认为它们构成了一个完整的研究性教学事件。这是因为这些工作都面对蒲纺这片历史建成环境，这一特定的、局限的、真实的时空片段对我们的提问是相关而连续的。我们的调查、研究、设计也是对这片历史建成环境连续而完整的实践。

如果用一个词总结我在蒲纺测绘过程中的教学感受，那么就是"现场感"，我想这是现代建筑遗产教学的特殊魅力。"现场感"包括以下不同的层次。

①在实际操作层面，我们从调查到设计阶段多次前往蒲纺，在物理现场进行实地考察。

②除了考察建筑，我们还对当地居民开展短暂的访谈和参与观察，尝试融入当地生活的现场。

③从调查到设计，我们的工作都紧密回应当地实际的发展诉求并得到当地的即时反馈，在专业工作内容中力求贴近现场。

④虽然不是蒲纺人，但在当代中国社会里的生活经验让我们得以共情本地生活，用亲身体验去想象现场。

正是现代建成遗产的特殊性质，让我们的教学工作能够以真实场地为基础，以实践为导向，获得贯穿整个工作过程的"现场感"。这份"现场感"也让我们在思考建成遗产更新时，保持一种介于熟悉和陌生之间的位置，不断探索设计和教学的边界。

问题：以蒲纺相关教学为例，您认为建成遗产教学的教学组织应该有怎样的特色？

谭：在我看来，建成遗产的教学组织与建筑设计相关的教学组织其实没有特别大的差别。它的特色无非就是它所谓的专题性，但我个人认为不应过分强调专题性，因为从大的建筑学教育目标来讲，我们做这方面的专题训练，不仅仅或者不全部仅为培养所谓的遗产保护方面的人才。就如建筑学其实是一种通过自己的专业知识体系来认知世界的方法一样，文化遗产保护从认知到设计的教学，实际上是教会学生（或共同探讨）认知整个人类文化在建成环境中承载信息——尤其是建造的历史和智慧——的过程，是让学生通过文化遗产保护设计学会如何进行广义的设计。

从这点上讲，它其实是小中见大，一通百通。当然，不可能一种类型（专题）或方法就能够包打天下或者包治百病。这就决定了教学的组织环节特别重要，不但要考虑基础知识的传授、现场的调研、价值的认知判断、相应的保护理念认知、相关案例的研究，最终还要有非常具有创意性的设计转化，这些过程都必不可少。

在短时间内完成这些教学，需要做到每个环节少而精。要一语中的，让学生能够迅速掌握。要深入浅出，同时还不失专业性，在科普性的基础上有专业性，这就是难点。我个人认为完整的教学组织流程是非常必要的，而不是片面强调某一方面或某一个环节。

董：蒲纺的教学活动虽然分为调查、研究、设计三个阶段，但每个阶段都是包含观察、思考、表达的完整学习过程。现代建成遗产工作往往有其各自的问题与需求，而传统的教学方法只提供思考这些新问题的出发点，所以，现代建成遗产的教学虽然以完成具体的项目（如测绘实习或毕业设计）为结束，实际却呈现了一个研究性实践的开放过程。在这个过程中，教师需要针对建成遗产的特征，通过发散性思维创新教学的目标，制定学习的问题，明确成果的标准。对于教师而言，这也经常是一个摸索和提高的经历。

现代建成遗产具有丰富内涵，其教学最好由多学科和多背景的成员共同指导。比如，蒲纺的教学团队成员来自建筑历史与理论、城乡遗产保护、建筑设计实践、文化人类学等多个领域，在教学中也采取了多学科的研究与表达方法，结合蒲纺的特色达成了深入的教学训练。

现代建成遗产的教学也具有较强的研究性。

①教师对教学目标、方式、成果的研究和创新。比如，根据蒲纺的建成遗产特征，我们将测绘调查的教学目标调整为对现代建筑设计的逆向学习，从现实、历史、社会的脉络思考设计过程。调查时引入全站仪、无人机、扫描仪等数字化手段，并且采用人类学的参与观察方法研究建筑的使用状况。对于调查的成果，我们探索了以研究为导向的建筑图纸表达，适当引入建筑设计实践的绘图方式，在图纸中标注档案和访谈反映的设计意图与原状，并采用图解和报告的形式进行建筑类型、结构、功能的专题研究。

②学生的学习活动本身也是对遗产的研究活动。在蒲纺的教学活动中，我们将建筑调查和设计教学转化为对现代建筑类型的研究，将建筑学知识的被动式学习转化为现代建成遗产实践问题引领下的主动探索。

③教学内容里包含较多的研究性专题讨论。在蒲纺的教学活动中，我们组织了一些专题讲座与讨论，引导学生对三线建设、遗产保护的概念、建成遗产更新设计、人类学的调查方法等进行初步的研究。这些小专题为学生搭建了思考构架，帮助他们自己挖掘和表达蒲纺建成遗产的特色。

另外，现代建成遗产的教学也需要重视和当地社群建立关系。这对于保持师生整个学习过程中的"现场感"非常重要，也有助于拓展后续教学项目。

问题：以蒲纺相关教学为例，您认为工业建成遗产相关的教学与研究有哪些重难点？

谭：我个人认为，现场的调研或者现场的教学非常重要。所以，虽然是在疫情期间，但我在组织蒲纺的联合毕业设计时，只要疫情管控有"窗口期"，都号召外地师生到现场进行调研。我们成功做到了这一点。这差不多是当年全国的联合毕业设计教学中极少的师生都到过现场调研和交流的一个项目。

除了教学组织方面，就是教学的方式。还是以上面的现场调研认知来说，实地考察（field trip）或者田野调查，我觉得更像是一种工作方法，是一项可以借助测绘、调研、访谈和相关的工具手段，把社会学、历史学、人类学、建筑学等相关知识都融合在一起的现场工作。

现场认知的真切性和可能的发现其实太重要了，教师的引导也太重要了。怎么样能够在短时间内让学生获取大量的现场信息，关联起相关的理念、技术、知识、遗产理念和成功案例，学会发现和分析问题，都是现场需要解决的事情。所以说田野调查或现场教学太重要了。这是我最突出的认识，也是我教学中最有心得的部分。

董：现代建成遗产往往仍然承载生产和生活功能，尺寸、结构、空间较古建筑更复杂，产权和遗产身份的认定具有一定困难，这让它的保护和更新都有独特的复杂性和综合性。比如，蒲纺作为"靠山""隐蔽""分散"的三线建设，距主要交通线路较远，缺少活跃的特色产业，厂区内众多原职工已经年迈，房屋产权经过多年流转已非常分散，许多建筑遗存的历史年限和技术成分也难以达到遗产名录的标准。在这种条件下，遗产工作需更多考虑当地经济和社会发展等实际需求。如何在传统遗产保护体系的基础上搭建适用于蒲纺的遗产工作框架，需要多个学科和领域的投入、长周期的参与实践、自觉与灵活的知识创新。

在蒲纺调查、研究、设计三个阶段的教学中，我们尝试让每个阶段都成为相对完整和系统的学习事件，各有针对性地进行观察、思考、表达的设计思维训练。对教师而言，这样易于制定具体有效的教学目标，挖掘现代建成遗产教学的潜力。对学生而言，这样也有助于将学习任务予以分解和落实。比如，在测绘调查中，我们的教学目标是通过逆向设计思维学习现代建筑的三种类型，教学方式也调整为研究性图解的绘制。在毕业设计中，我们的教学目标是综合性的建筑学知识实践，教学方式则根据学生的情况更加多元化。如何将复杂的现代建成遗产问题分解为具体的教学目标、制定创新的教学框架、选择有效的教学方法，这是一个难点。

通过蒲纺的教学活动，我们总结出三个现代中国工业建成遗产教学的线索。

①工业建筑及其环境具有特殊的空间属性。相关教学可以从工厂的生产逻辑和工艺特色开始，调查工厂布局和厂房的结构构件，引导学生从现代工业体系入手，思考遗产的保护和活化，并采取倾斜摄影和激光扫描等新的数字化手段调查建成遗产。

②现代中国的工业建筑经常以单位大院为形式，周边伴随生活组团，而其中的工人影剧院等文化建筑往往具有较高的社会价值和建筑品质。相关教学可以从文化建筑承载的集体生活入手，挖掘遗产的社会价值及其可能的再现方法。

③单位大院中的办公楼和住宅楼虽然不具有突出的建筑风格，但一方面具有标准化、单元化、体系化的工业特征，另一方面也是居民集体记忆和生活智慧的载体，无论对于遗产保护还是更新设计都具有特殊的潜质。

现代建成遗产的另一个难点仍然来自"现场感"。尽管学生已经在校设计了不同类型的现代建筑，但当身处于遗产现场——尤其是尺度巨大、建构复杂、饱经沧桑的工业厂房中，仍不免觉得陌生和震撼。这构成了另一个教学的挑战和机会。

①学生需突破图纸、屏幕、模型等常见媒介，近距离观察和思考建筑设计的实际成果。

②学生需现场感受设计在现实中的社会环境，体会专业活动背后的社会影响。

③学生需现场感受设计在时间中的存在状态，思考自身实践在漫长历史中的定位和价值。

问题：您觉得此次蒲纺的建成遗产教学有哪些可以改进或拓展的地方？

谭：如果说蒲纺的建成遗产教学有可以改进或拓展的地方，那就在于需要有更多真正的交流和碰撞。在不同的阶段都应有不同的交流，而不只是现在的一个中间阶段和最后阶段的成果汇报——这些汇报其实多少都已经是结论性的东西。需要在形成自己的设计理念和成果之前讨论交流，这些更有价值，虽然不一定在本次的设计里面能用上。

董：蒲纺是我们第一次尝试进行系统的现代建成遗产教学研究与实践。我个人事后反思，感觉的确有许多可以进一步拓展的地方。

①在教学中可以进一步强调"历史""遗产"和"设计"的关系。对于建筑学的调查、研究、设计教学而言，我们更侧重历史建筑的遗产化以及活化利用的途径，在引导学生时偏重设计实践的导向，相对弱化了历史学、价值评估系统、历史建筑病害诊断与修复等专业知识。在之后的教学中，可以适当增加这部分的讨论和学习。

②现代建成遗产的活化利用往往是跨尺度的问题，涉及地区、城市、街坊、建筑、室内等由大到小的连贯性的研究与设计。我期望以后的教学能够加强跨尺度的纵深视角，加强更新设计在多个尺度的连贯性和整体性。

③我们虽然具有一定跨学科的背景，但在面对现实场地的问题时，仍感觉有些捉襟见肘。在理想情况下，老旧建筑改造相关的产业策划、社会调查，甚至老旧建筑的结构评估需要专业指导，保护更新设计的讨论最好也有建筑学的多个声音。因此，期望团队能吸纳更多元的专家参与。

④在蒲纺的教学活动中，我们已经把无人机和扫描仪作为寻常的技术手段，也使用了空间句法等计算机辅助分析。在其他的三线厂房测绘中，我们引入了 HBIM 的学习，并期望以后使用更多数字化的调查、建模、分析、设计方法。

⑤我们在蒲纺的调查、研究、设计教学仍然是根据现有的课程框架，按本科三年级古建测绘、四年级建筑遗产理论与案例、五年级毕业设计等课程单元而开展的。而传统的课

程体系遵循的逻辑是知识的分解与纯化，这和现代建成遗产教学提供的综合性、跨尺度、实践性的教学问题有所差异。我期望将来能够设置更加灵活的课程框架，将现代建成遗产教学作为高年级的精细化培养方向，按遗产活化的实践项目组织教学，而非一味跟随传统的课程体系。

⑥现代建成遗产往往紧密依附于当地社区，其研究与更新需要考虑社区的参与。我们对蒲纺的教学活动在调查阶段较多关注社区，设计阶段对社区的关注则较少，期望以后能更多探讨中国现代建成遗产的社区参与问题。

问题：和其他建成遗产相比，近现代建筑遗产尤其是工业遗产的教学有什么特殊性？

谭：我个人认为工业遗产确实有它的特殊性。除了我们所谈到的遗产一般意义上的价值，工业遗产更多是一种工业生产性的聚落，是一个完整、系统的遗产要素组成。所以说按严格的定义，工业遗产应该是工业革命以来现代遗产的重要组成。

对于工业遗产保护，一个很重要的地方在于工业生产技术价值的判断和认定，以及相应的特征定义要素的认定和保护，这在很多情况下反而被忽略了。遗产保护的展陈也需要把这一部分的内容呈现出来，而不是像很多案例里只变成工业建筑的保护活化。是工业遗产，而不只是工业建筑遗产。现在更多的是被工业厂房特别的形态、尺度、结构、空间等特性所吸引，最后造成了保护重心的偏差。

近现代建筑遗产有时代性，这跟历史更久远的传统社会流传下来的遗产或者是古代遗产有着很大的不同。关键在于现代社会的重大转型，从技术发展、社会发展、人口、经济、政治特性等方方面面都有很大不同。另外，近现代时期也有更多的中西方交流，包括思想意识、科学技术，甚至材料技术等都有很多的交流和互鉴影响，这也是近现代建筑遗产跟其他遗产不太一样的地方。

董：提起建成遗产，人们经常首先想到纪念性的古代建筑或地域性的风土建筑。近些年，在国内外专家的倡导下，现代建筑，比如业已公布七批的"中国20世纪建筑遗产"，正逐渐成为遗产学者新的关注点。对于建筑学教学而言，现代建成遗产相比传统类别的遗产有其特殊性。

①现代建筑源于现代社会的大规模机械化生产，新的材料、结构、建造技术，高密度与高效率的城市生活。在蒲纺，工业建筑依据产业和工艺逻辑布局，民用建筑则围绕工厂统一规划管理。类似蒲纺的建成遗产教学需从现代社会的生产与生活逻辑出发，引导学生从更广阔的社会脉络理解建成遗产。

②跟随现代化的生产和生活逻辑，现代建筑往往不再强调传统建筑史中的"风格""造型""匠作""象征"，而是以"功能""类型""空间""建构"等概念为核心形成了自己的理论体系，需要学生对现代建筑的历史和理论进行有针对性的预习和思考。

③现代建成遗产往往在当地社会承载一定的生产和生活功能，其留存方式和价值判定较

建筑史上的"经典作品"更加复杂，其遗产保护教学需要从产业策划到空间更新的跨学科知识，教学内容更具综合性。

④现代建成遗产所见证的社会群体（比如蒲纺的老员工）大多仍然健在，遗产环境不但是他们集体记忆和社会身份的寄托，而且往往仍为其提供社群生活的场所。因此，在遗产价值的判定上，现代建成遗产经常呈现出独特的社会价值，令专家难以用科学主义的定量方法予以评定。在教学中，这一社会价值是现代建成遗产调查、研究、更新的重要对象，也是引导学生思考本土遗产理论的证据和线索，更是发挥建筑学专业价值、培养学生人文关怀、提升学生政治意识和家国情怀的契机。

⑤现代建成遗产体现系统的产品设计思维，其保护往往更强调经济和社会效益，因此具有较强的实践性，这令现代建成遗产成为高年级建筑设计教学的适用对象。在设计教学中，遗产的调查和研究经常作为逆向设计的过程，在辨析遗存状态的基础上发掘建筑设计的"类型"特征，拓展更新设计的思路。

问题：和传统的建筑史教学与建筑设计教学相比，建成遗产教学有哪些相同和差异的地方？

谭：建筑史教学、建筑设计教学与建筑遗产教学相比较，我个人认为总体上是相通的，但是毕竟各自还有自己的目标和特点。

建筑史教学可以是通史式的教学，也可以从不同的思想和角度切入、研究和讲述。我倾向于不是简单的编年史教学，而是通过思想史、技术史，还有其他的角度来串接历史建筑或现象思潮等。如果是严谨的建筑史学训练，可能需要一个比较系统化的教与学；但是，如果把建筑史作为建筑设计的支撑课程来讲，其实并不需要那么系统化，反而需要将建筑史的一些专题提炼出来，做片面而深刻的教授。可以从中启发学生怎么样去认知历史上的建筑和相关的成就或思想，也可以更多地激发学生的兴趣。

其实建筑史教学真的太重要了。要想学好建筑设计，必须得先学好建筑史。或者说，学好建筑设计的一条捷径就是学好建筑史。不管是库哈斯也好，还是一些大师也好，都谈过类似的观点。建筑史其实是人类建筑设计智慧的集成。从这点上讲，建筑史教学非常重要，其不是简单的建筑历史知识点的"搬运"。

建筑设计教学其实跟建筑文化、建成遗产的教学是相通的，只是可能相对少了一些包袱，有一些应用的尺度会更加宽松。毕竟文化遗产是不可逆的资源，保护设计需要更加谨慎。"有身份，戴着帽子"的文物建筑或历史建筑有更多的规范。这些红线是底线，但并不能妨碍我们的一些创新思维。我觉得，在传统的建筑学教育体系下，对于建成遗产教学很重要的一件事情是对遗产保护观念发展历史的梳理。遗产保护观念反映了人类文化认知进步的阶梯，对学生有很多启发。

"旧的从来不死，新的不断涌现"。我们必须加强遗产的当代性意识，以适应当今时代的保护活化，促进意义呈现和演绎的研究与实践。

董：根据我的个人理解，我们或许可以把建筑史和建筑设计看成光谱的两端，其中建筑史追求有迹可循的忠实记录，建筑设计追求创意性和形式感的主观表达。建成遗产教学在光谱中间的某个位置：它既要求忠实追寻遗产的历史，又要求提出自己对遗产的看法甚至更新设计，因此与建筑史和建筑设计保持着紧密的联系与巨大的张力。

问题：现代建成遗产教学是否能够成为补充甚至统筹建筑学各方面知识的综合教学命题？

董：现代建成遗产的保护与更新具有复杂性、综合性、实践性，很适合作为高年级建筑设计教学的长周期命题。这样的教学命题能够以实际的建成环境问题为导向，以跨尺度的设计实践为核心搭建灵活的教学框架，吸纳社会调查、建筑策划、场地设计、建筑病害诊断、建筑结构与材料、建筑历史与理论、工程管理甚至水电暖通等专题性的内容，并根据需要选择不同的工作成果形式。所以，现代建成遗产的确能够成为有效统筹建筑学多方面知识的教学命题。

但在现有条件下，这种统筹也具有相当的困难。比如说，授课教师往往出自特定的学术背景，如何将他们组合成跨专业的教学团队是一个挑战。另外，如何建立专门的建成遗产教学方向，如何将传统课程组织调整为特定方向的课程矩阵，甚至如何以保护更新等实践项目为构架重新组织教学计划，或许也是值得考虑的问题。

问题：在现在行业和专业的新形势下，您对建成遗产教学有哪些新的思考？

谭：随着文化遗产保护理念认知的不断发展，人们会发现一些新的遗产类型，这些都可能为文化遗产保护研究和教学注入新的活力。

我觉得，在现在行业和专业都唱衰的形势下，对建成遗产的保护和相应的研究教学具有更加重要的意义。文化遗产非常生动，不是那么的刻板。它不光对从业人员或学生的知识面、文化素养提出更高要求，也意味着更广阔的实践机会、更多人员的加入、更广泛的应用场景和服务社会的机会。

我们经常说现在是增量建设变为存量建设的时期。在一定程度上存量建设最重要的领域就是文化遗产保护、既有建筑改造、城市更新等，所以未来这个版块反而是大有可为的。

董：最近这几年，建筑学专业面对的最大形势就是行业下行带来的教学难题。但在行业下行的同时，大趋势也引导我们将建成遗产教学解读成建筑学教学的一个新方向乃至新形态。

①从国家需求的角度，国家在调整房地产行业的同时，将存量更新作为城镇发展的主流，将遗产保护作为重要的文化使命而投入大量的人力、物力。

②从专业方向的角度，遗产保护复杂性、综合性、实践性的特点正呼应我国"新工科"的发展要求，为拓展传统的建筑学教育体系提供了有效的线索。

③从价值实践的角度，现代建筑遗产正成为全社会关注的对象。以现代建成遗产等各类遗产为内容的建筑学教育不但能引发学生的兴趣，而且能激起民众的热情和参与积极性，令专业活动彰显出更具普遍性的意义。

在这样的背景下，进一步探索建成遗产（尤其是现代建成遗产），为建筑学教育提供了潜在的可能，成为建筑学专业迫在眉睫的任务。华中科技大学建筑系围绕蒲纺所做的调查、研究、设计教学，正是这样的努力。

（一）建成遗产测绘图集

蒲坊各厂分布特征：
纺织厂集中为一大厂
丝织、印染、针织厂则分散独立分布
各厂工业、居住混杂
各个分厂有独立俱乐部、宿舍等

50　　200
0　100　　400m

4号路

六米桥社区（2009年设立）

2号路（通向桃花坪）

棉花织成布，
周围临山防止空难
纺织厂
（建于1969年）

六米桥影剧院

蒸汽

2号路

印染厂
（建于1969年）

老虎墩

总厂机关
（20世纪60年代末创办）
周边服务设施齐全

8号路（通往印染厂）

班车

3号路

体育场　　桃花坪社区
　　　　　（2009年设立）

朝阳坪住宅区

建筑测绘调查地图

1. 蒲圻纺织厂跃进门测绘图

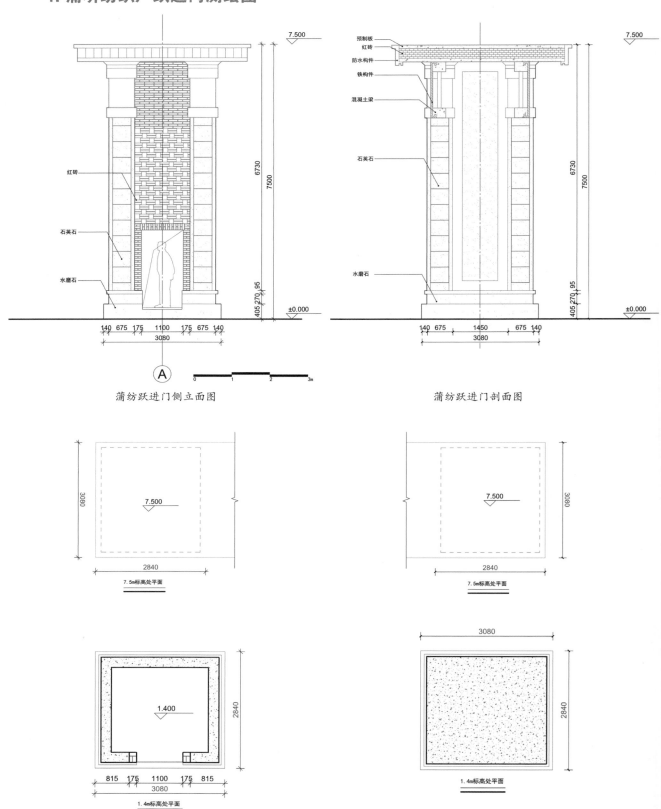

蒲纺跃进门侧立面图　　　　　　　　　蒲纺跃进门剖面图

蒲纺跃进门柱子平面图

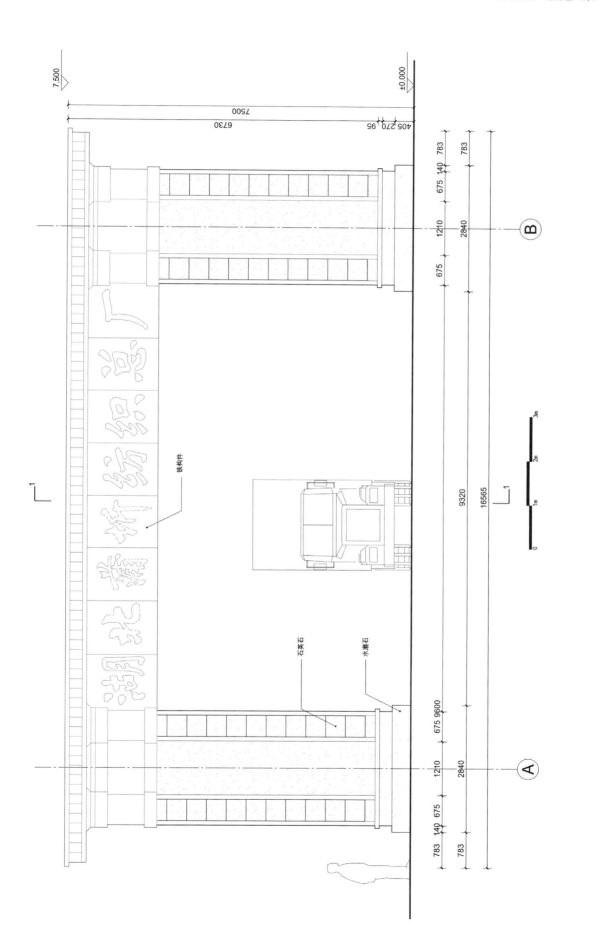

蒲纺跃进门正立面图

2. 热电厂测绘图

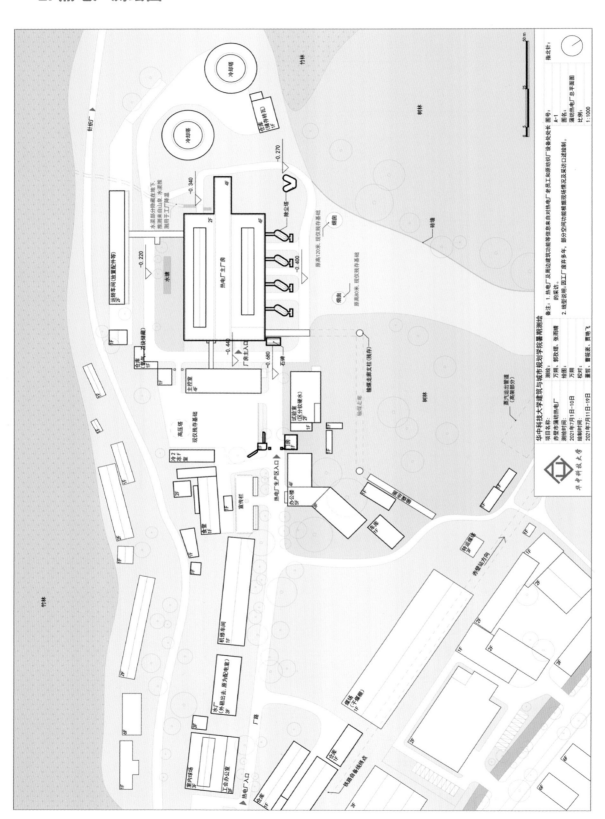

蒲纺热电厂总平面图

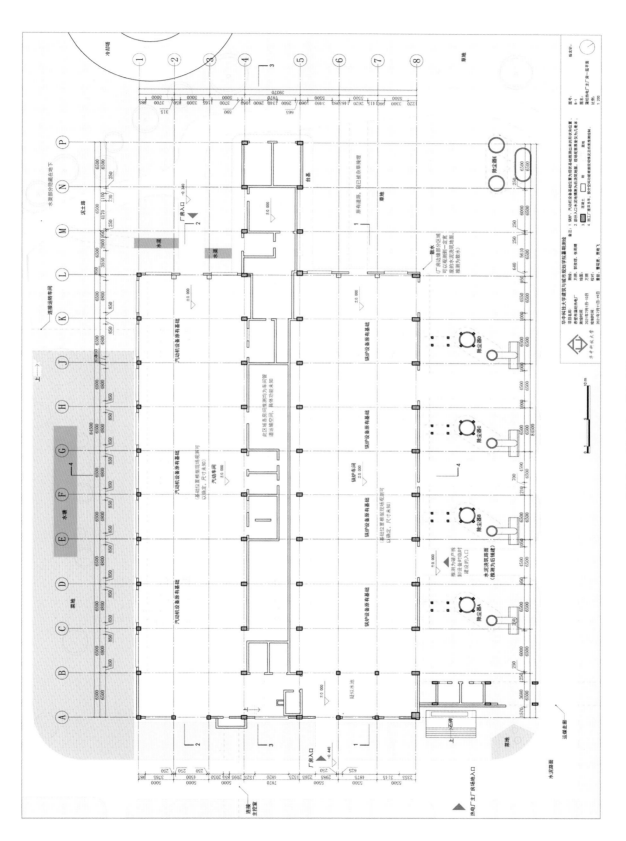

蒲纺热电厂主厂房一层平面图

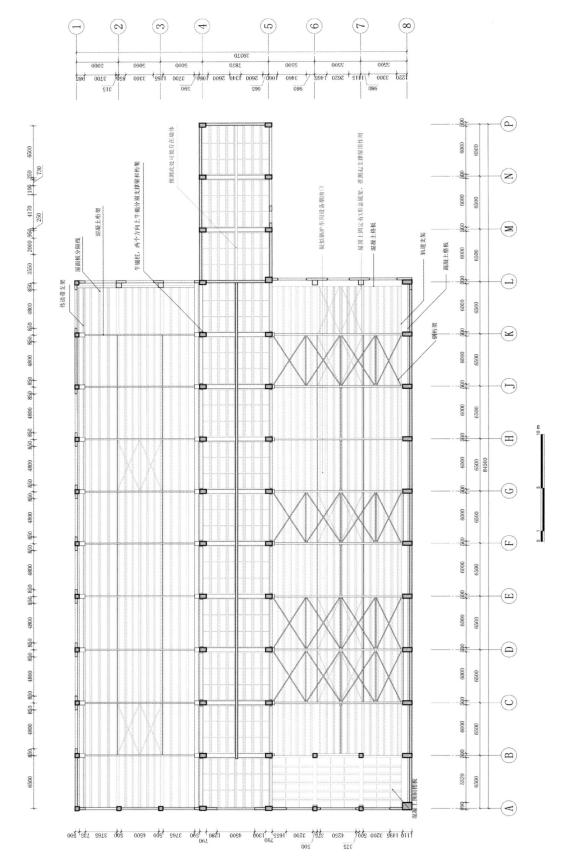

蒲纺热电主厂厂房屋架仰视图

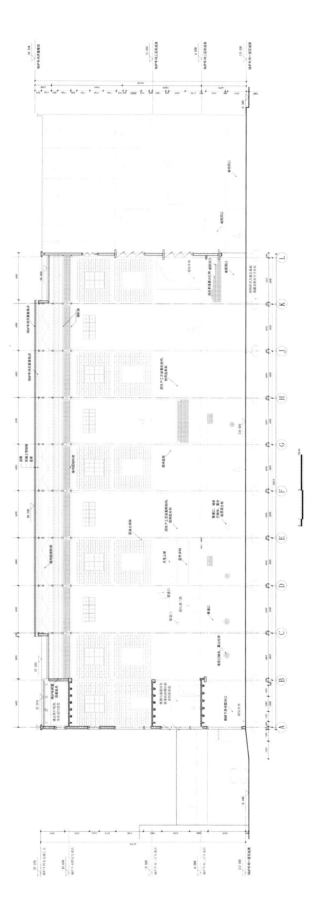

蒲纺热电厂主厂房 1-1 剖面图

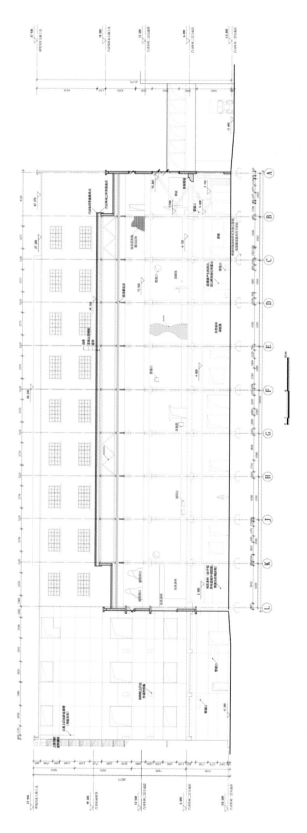

蒲纺热电厂主厂房 2-2 剖面图

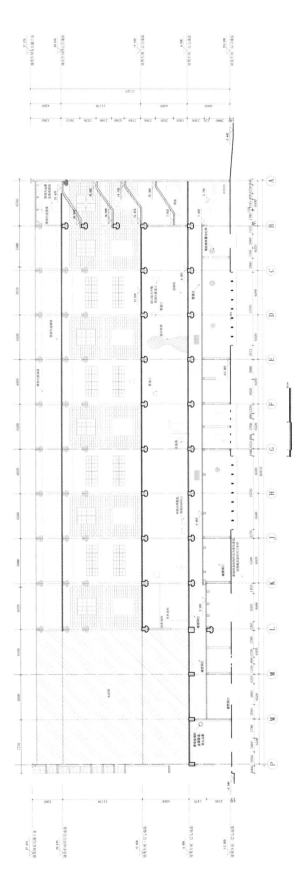

蒲纺热电厂主厂房 3-3 剖面图

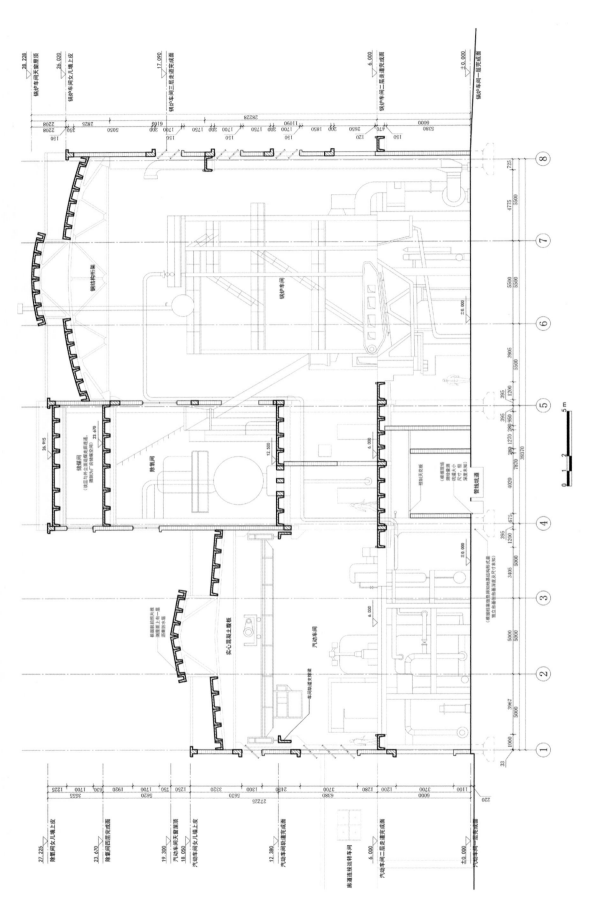

蒲纺热电厂主厂房 4-4 剖面图

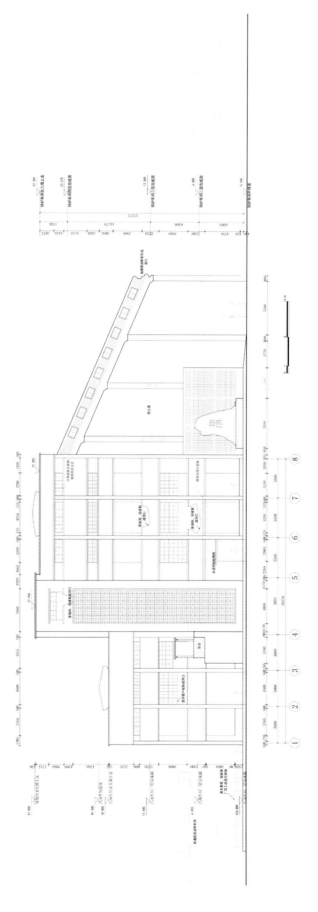

蒲纺热电厂主厂房东北立面图

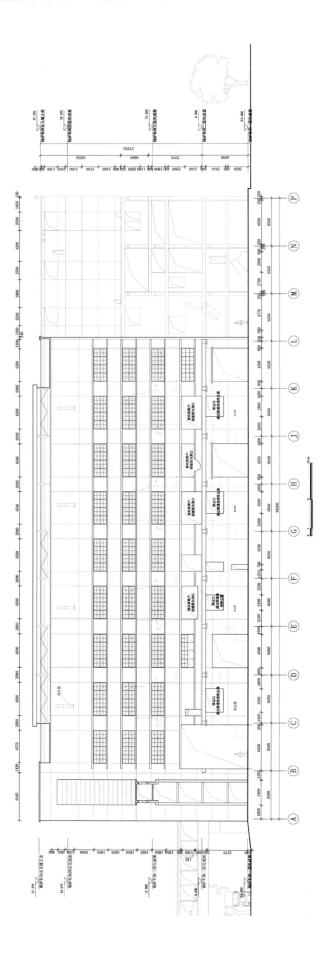

蒲纺热电厂主厂房东南立面图

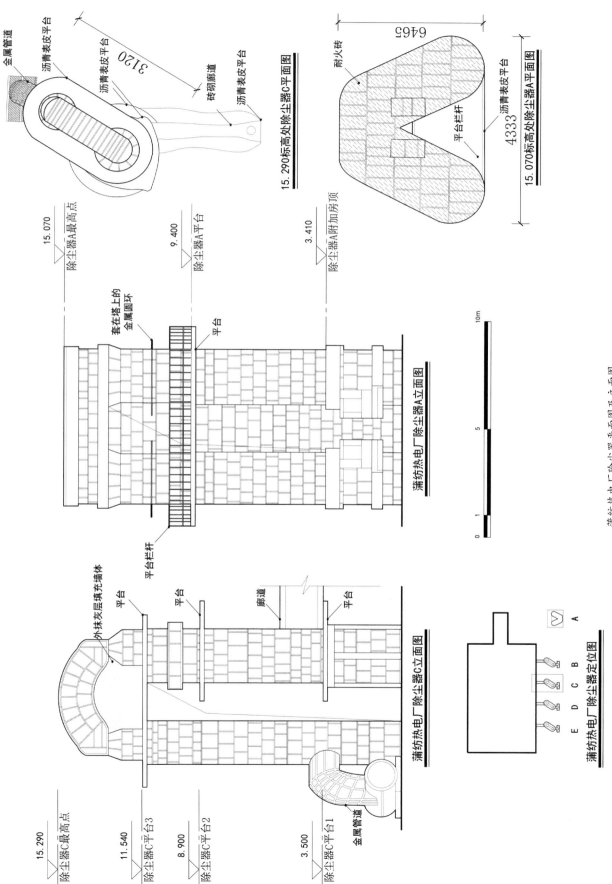

15.290标高处除尘器C平面图

15.070标高处除尘器A平面图

蒲纺热电厂除尘器A立面图

蒲纺热电厂除尘器立面图

蒲纺热电厂除尘器定位图

蒲纺热电厂除尘器平面图及立面图

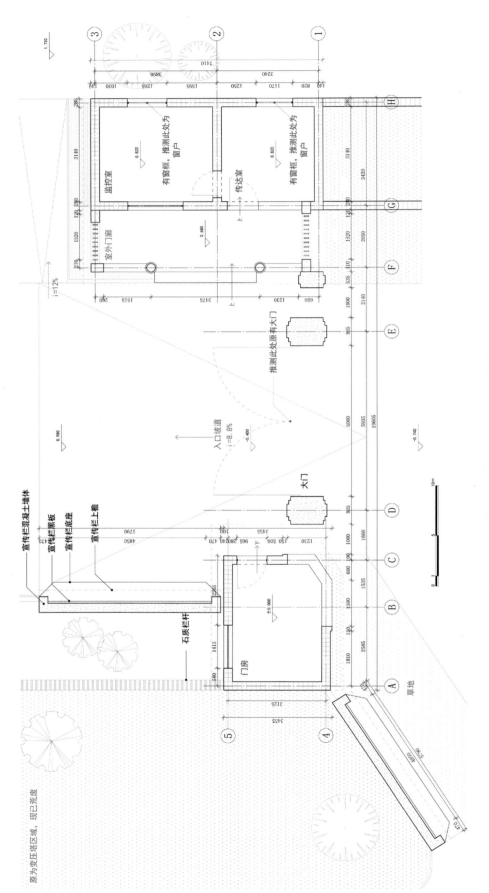

蒲纺热电厂二厂门平面图

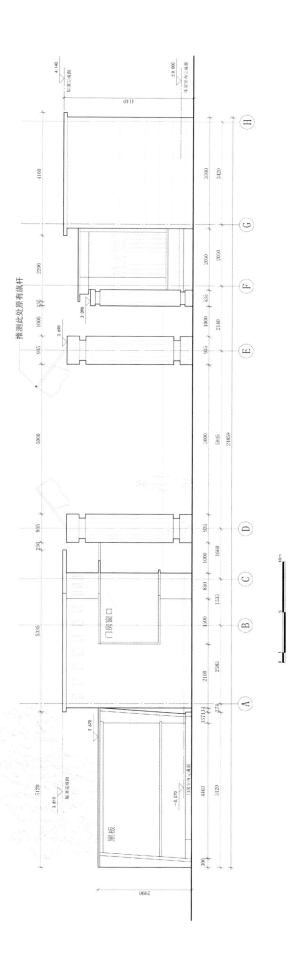

蒲纺热电厂二厂门正立面图

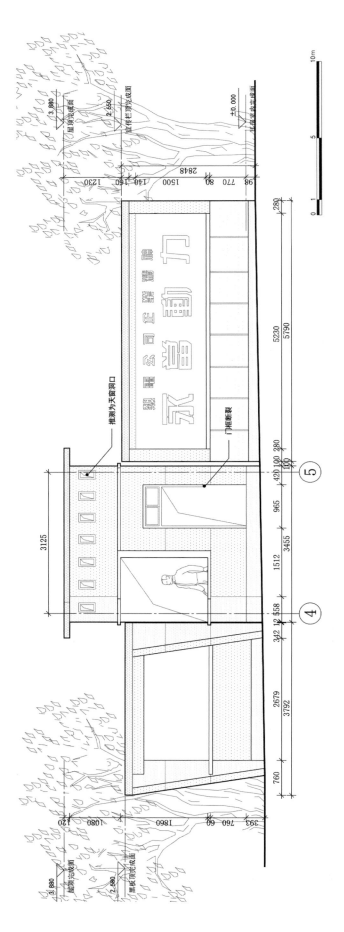

蒲纺热电厂二厂门耳房侧立面图 1

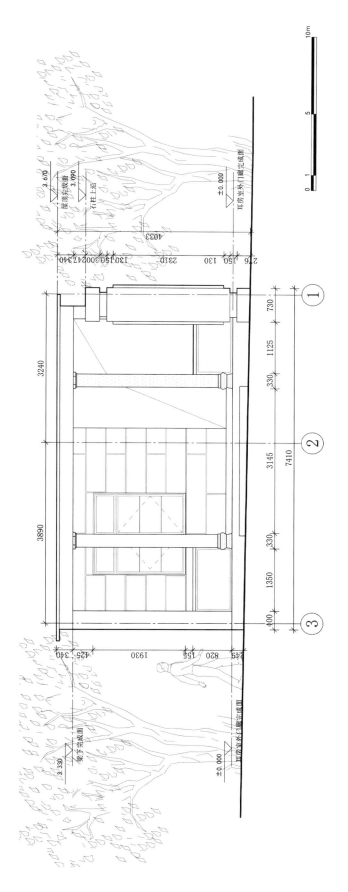

蒲纺热电厂二厂门耳房侧立面图 2

3. 六米桥影剧院测绘图

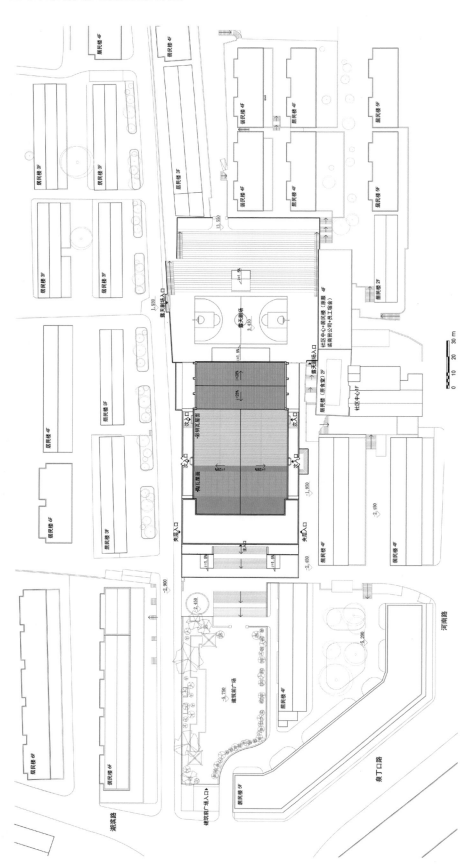

蒲纺六米桥影剧院总平面图

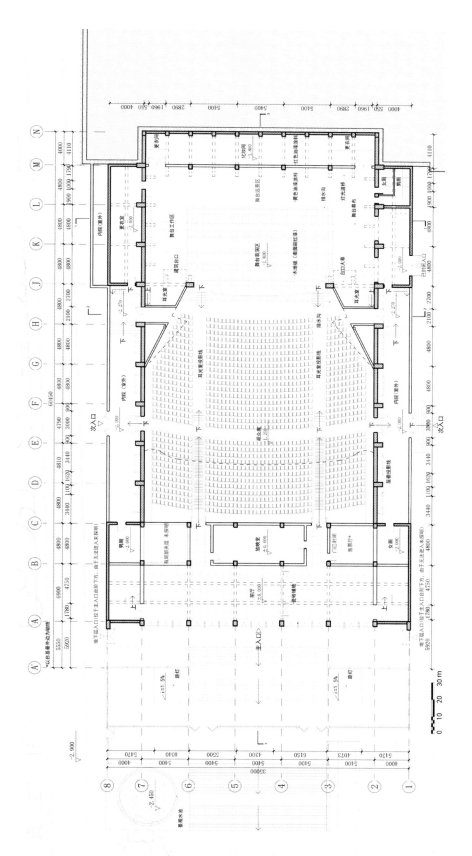

蒲纺六米桥影剧院一层平面图

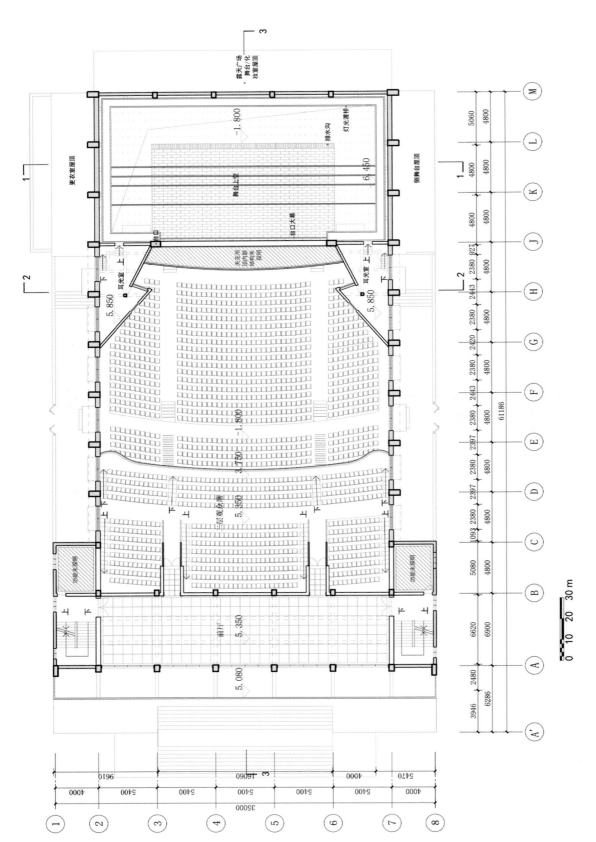

蒲纺六米桥影剧院二层平面图

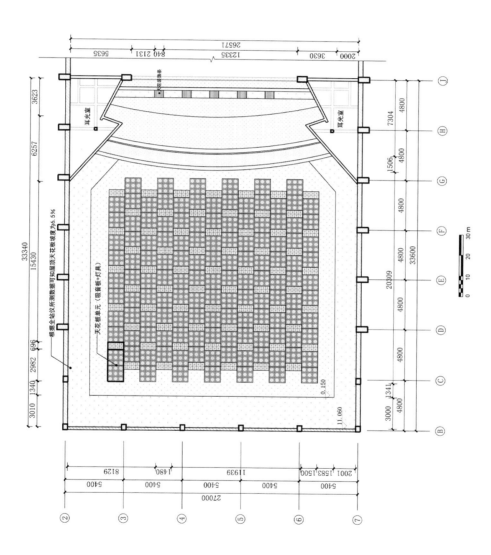

蒲纺六米桥影剧院院场地天花板平面图

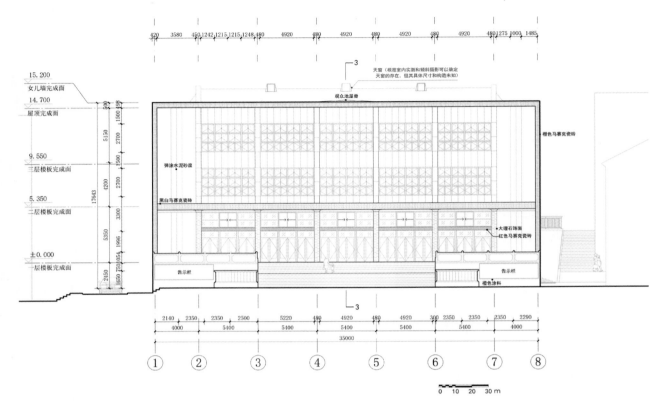

蒲纺六米桥影剧院正立面图

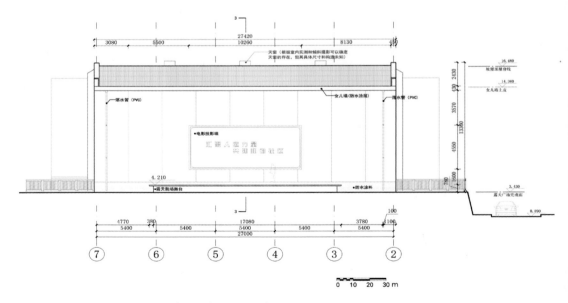

蒲纺六米桥影剧院背立面图

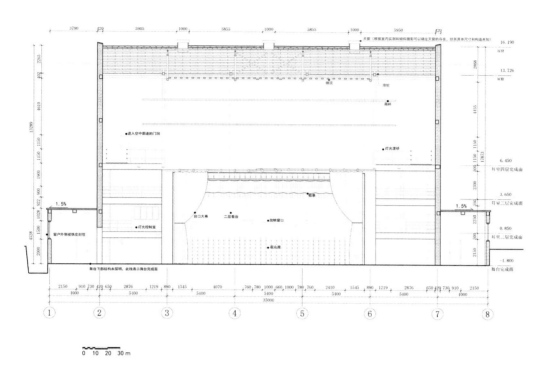

蒲纺六米桥影剧院 1-1 剖面图

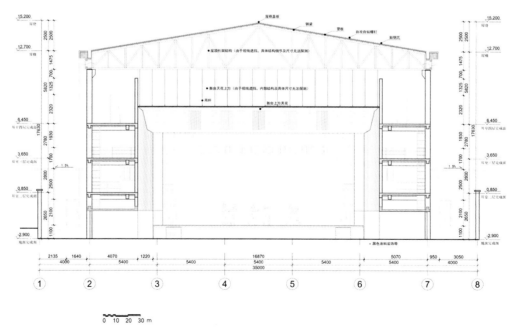

蒲纺六米桥影剧院 2-2 剖面图

蒲纺六米桥影剧院北立面图

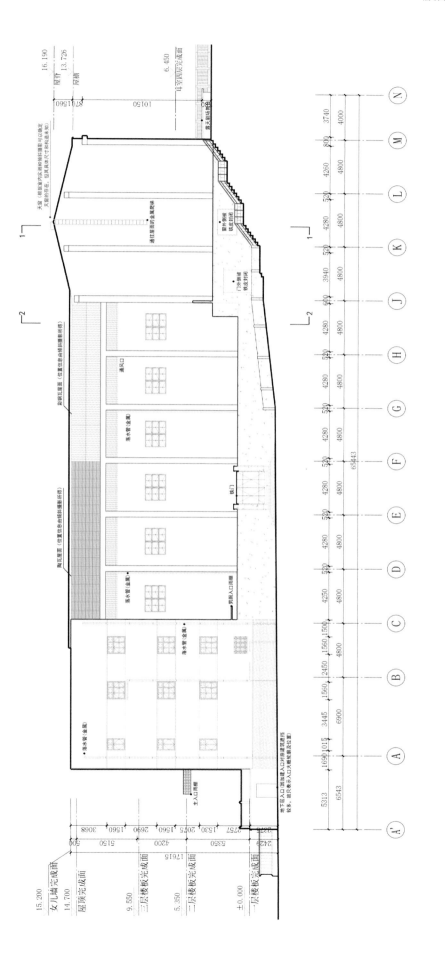

蒲纺六米桥影剧院南立面图

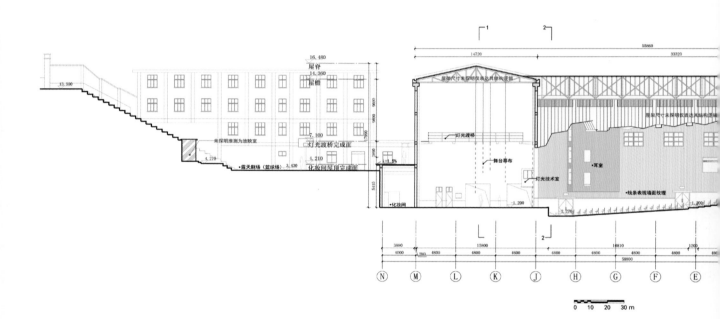

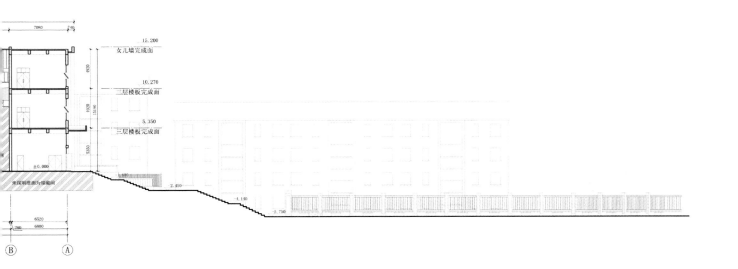

蒲纺六米桥影剧院场地及主体建筑纵剖图

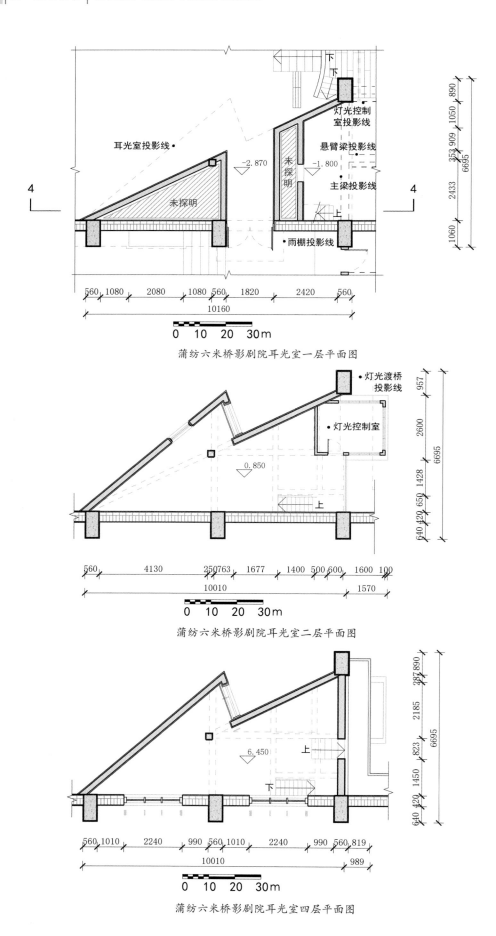

耳光室投影线·

未探明

-2.870

未探明

-1.800

灯光控制室投影线

悬臂梁投影线

主梁投影线

·雨棚投影线

4

4

890
1050
909
353
6695
2433
1060

560 1080 2080 1080 560 1820 2420 560
10160

0 10 20 30m

蒲纺六米桥影剧院耳光室一层平面图

·灯光渡桥投影线

·灯光控制室

0.850

上

957
2600
6695
1428
640 420 650

560 4130 250 763 1677 1400 500 600 1600 100
10010
1570

0 10 20 30m

蒲纺六米桥影剧院耳光室二层平面图

6.450

上

下

287 890
2185
6695
823
1450
640 420

560 1010 2240 990 560 1010 2240 990 560 819
10010
989

0 10 20 30m

蒲纺六米桥影剧院耳光室四层平面图

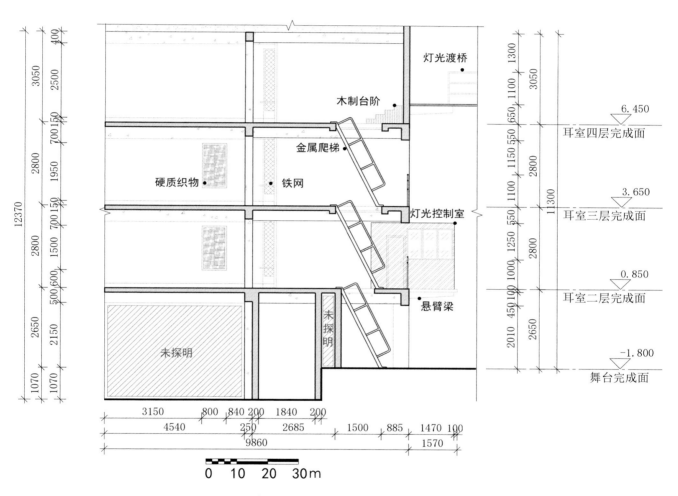

蒲纺六米桥影剧院耳光室 4-4 剖面图

4. 朝阳坪集合住宅测绘图

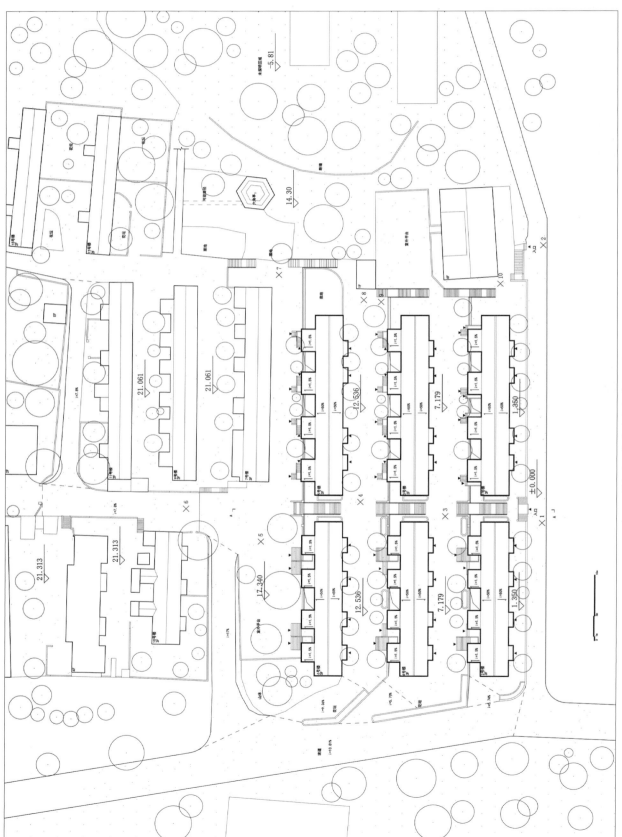

蒲纺朝阳坪集合住宅总平面图

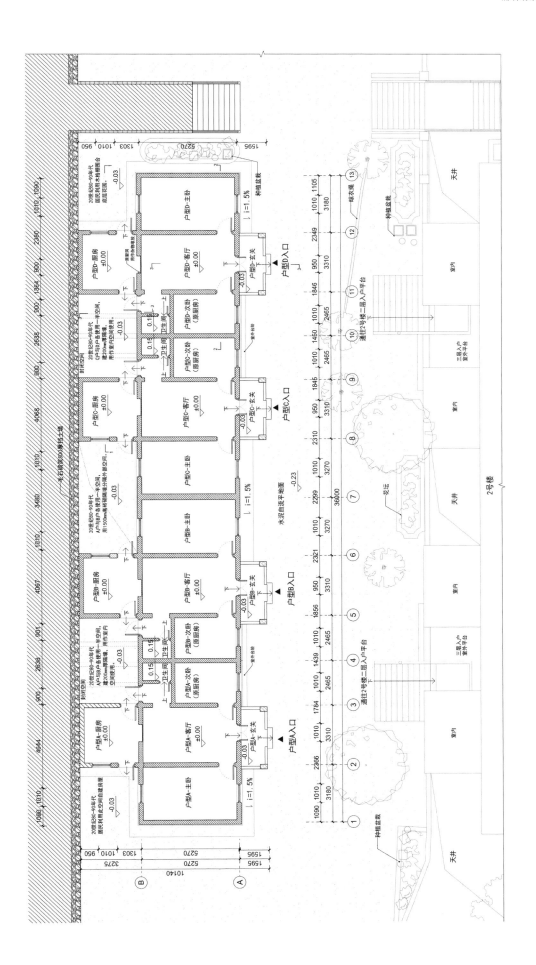

蒲纺朝阳坪 4 号楼一层平面图

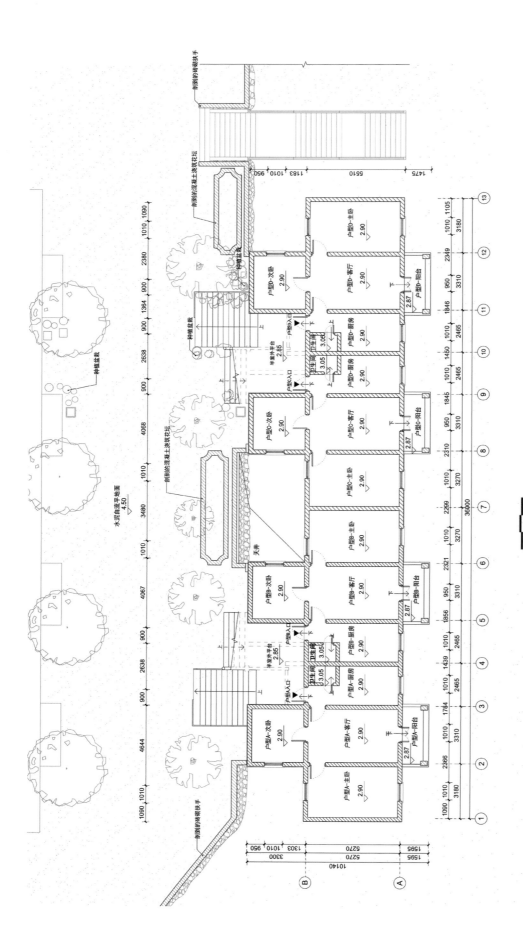

蒲纺朝阳坪4号楼二层平面图

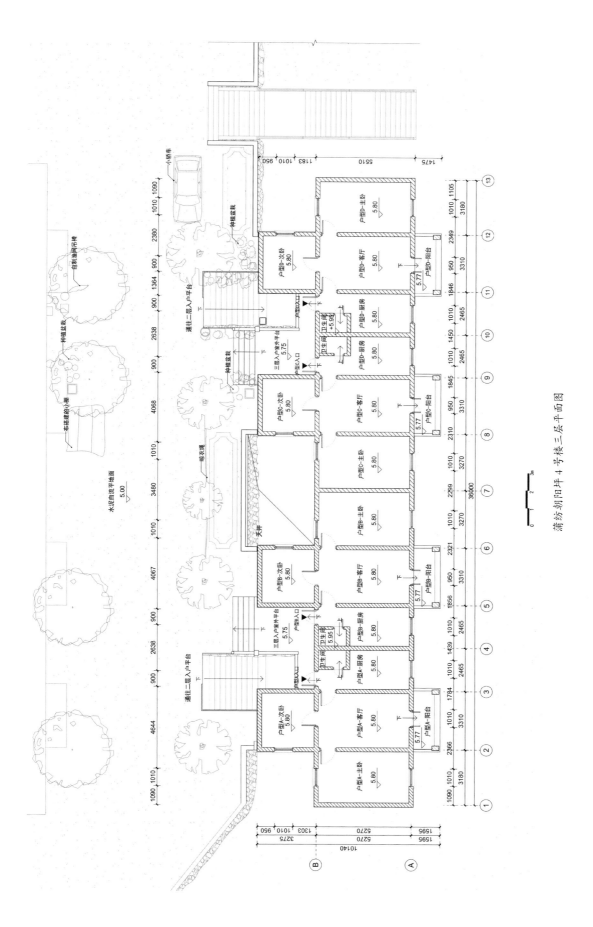

蒲纺朝阳坪 4 号楼三层平面图

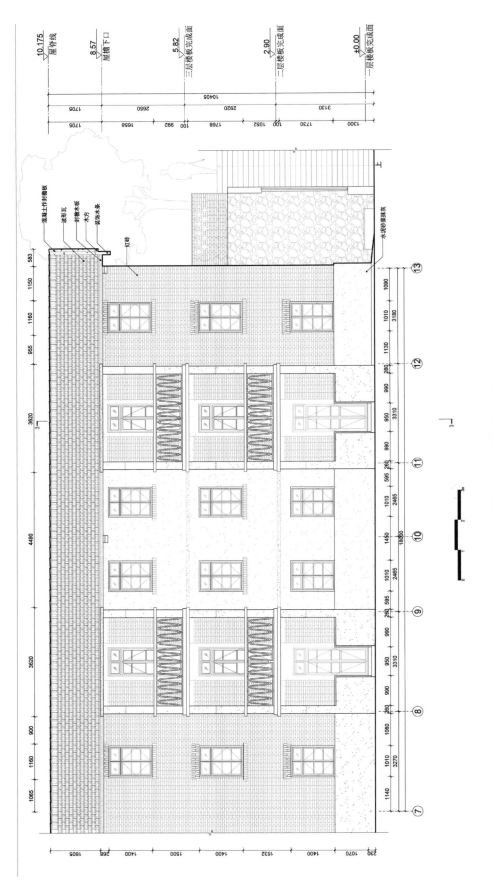

蒲纺朝阳坪 4 号楼南立面图

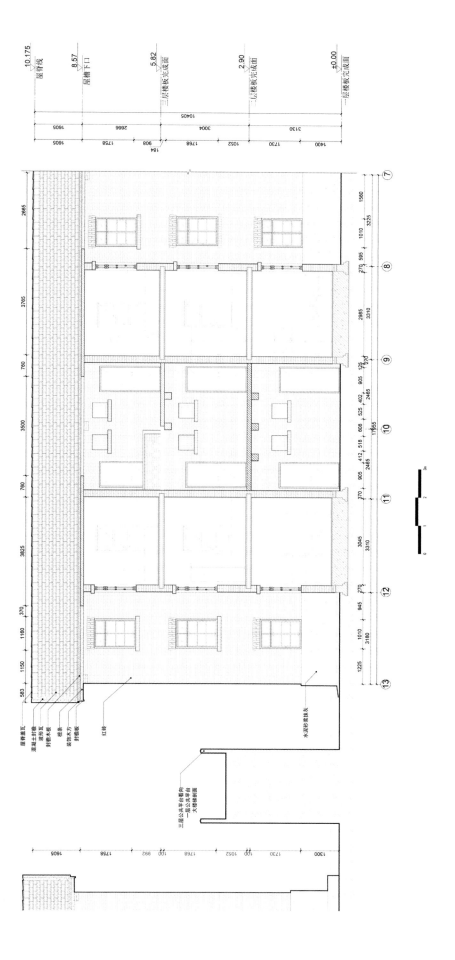

蒲纺朝阳坪 4 号楼 1—1 剖面图

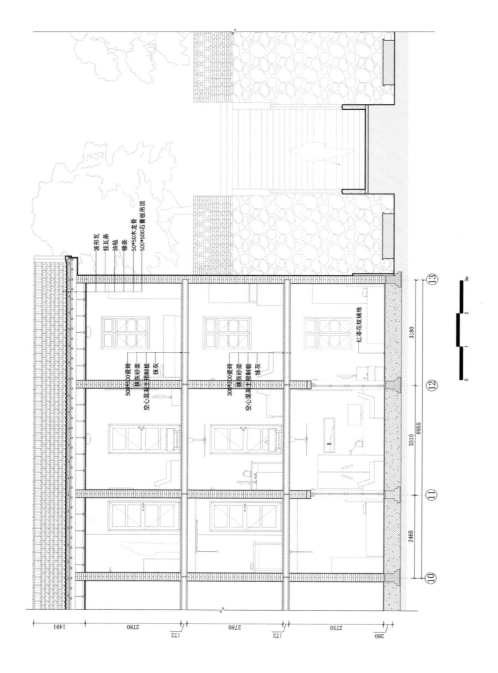

蒲纺朝阳坪 4 号楼横 2-2 剖面图

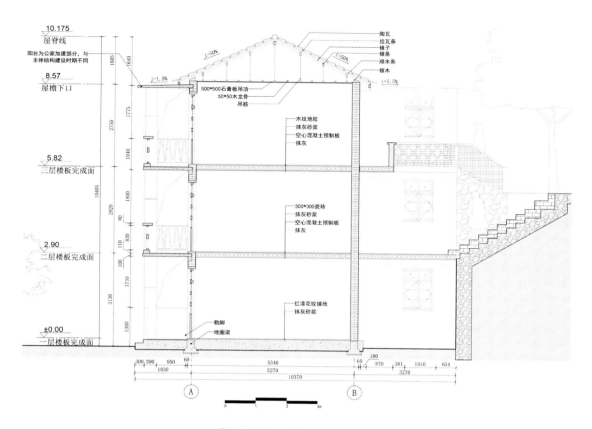

蒲纺朝阳坪 4 号楼纵 3—3 剖面图

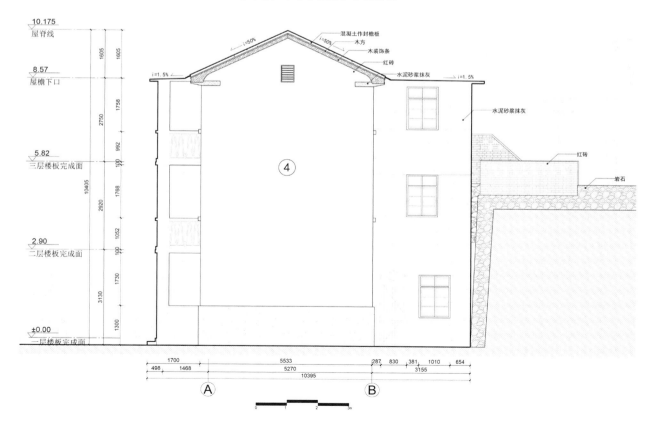

蒲纺朝阳坪 4 号楼东立面图

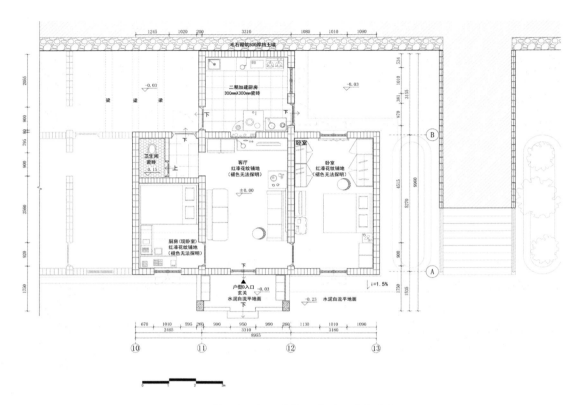

蒲纺朝阳坪4号楼D户型一层平面图

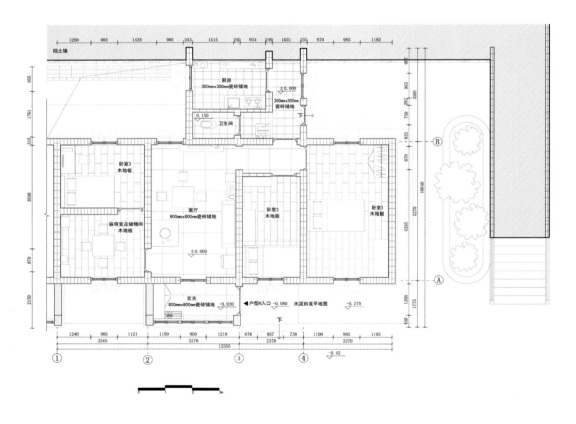

蒲纺朝阳坪3号楼H户型一层平面图

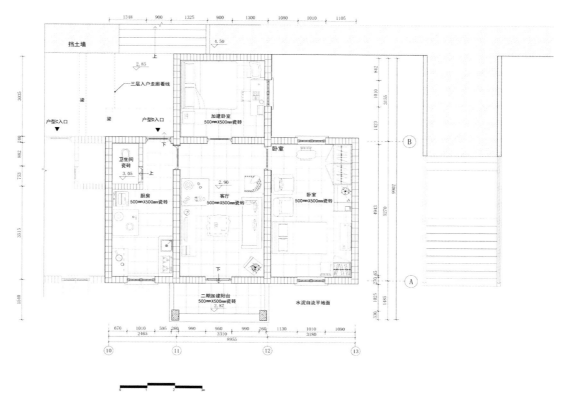

蒲纺朝阳坪 4 号楼 D 户型二层平面图

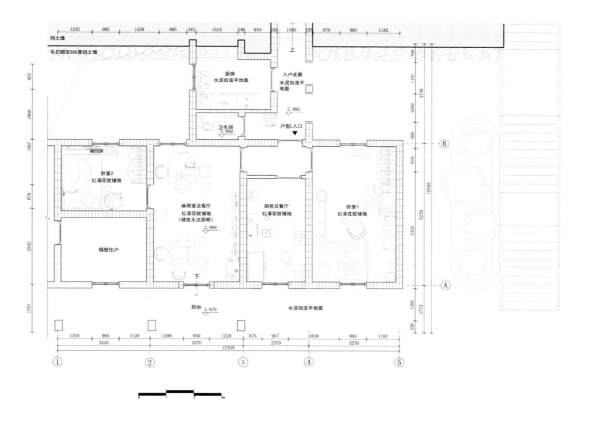

蒲纺朝阳坪 3 号楼 H 户型二层平面图

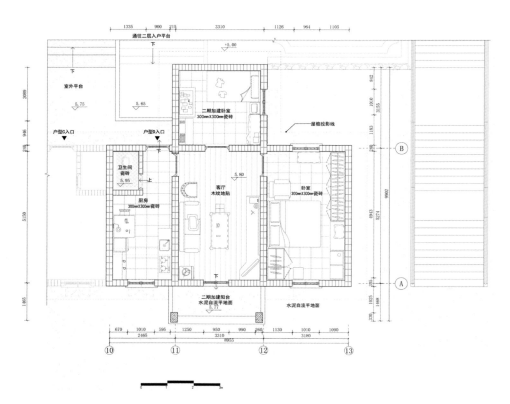

蒲纺朝阳坪 4 号楼 D 户型三层平面图

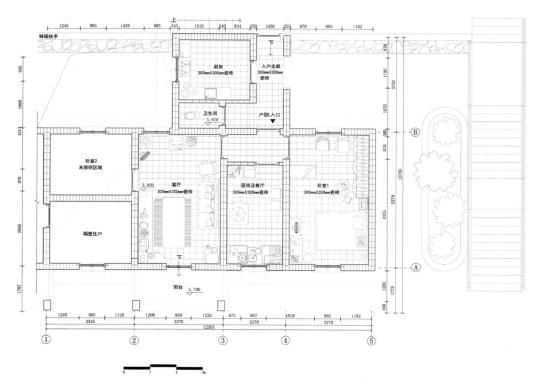

蒲纺朝阳坪 3 号楼 H 户型三层平面图

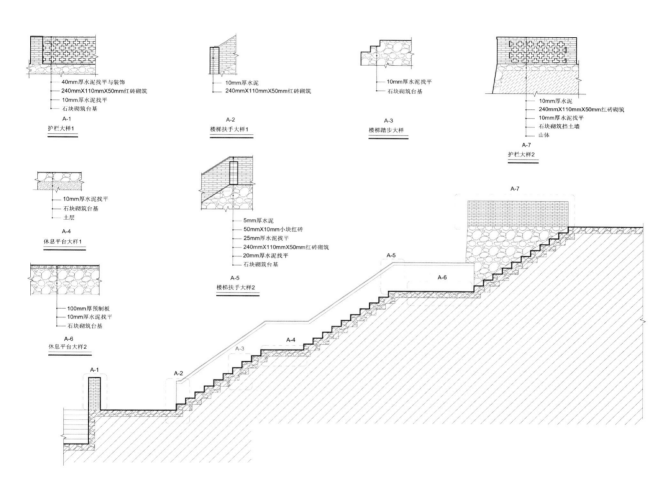

—40mm厚水泥找平与装饰
—240mmX110mmX50mm红砖砌筑
—10mm厚水泥找平
—石块砌筑台基

A-1
护栏大样1

—10mm厚水泥
—240mmX110mmX50mm红砖砌筑

A-2
楼梯扶手大样1

—10mm厚水泥找平
—石块砌筑台基

A-3
楼梯踏步大样

—10mm厚水泥
—240mmX110mmX50mm红砖砌筑
—10mm厚水泥找平
—石块砌筑挡土墙
—山体

A-7
护栏大样2

—10mm厚水泥找平
—石块砌筑台基
—土层

A-4
休息平台大样1

—5mm厚水泥
—50mmX10mm小块红砖
—25mm厚水泥找平
—240mmX110mmX50mm红砖砌筑
—20mm厚水泥找平
—石块砌筑台基

A-5
楼梯扶手大样2

—100mm厚预制板
—10mm厚水泥找平
—石块砌筑台基

A-6
休息平台大样2

蒲纺朝阳坪集合住宅公共楼梯构件大样图

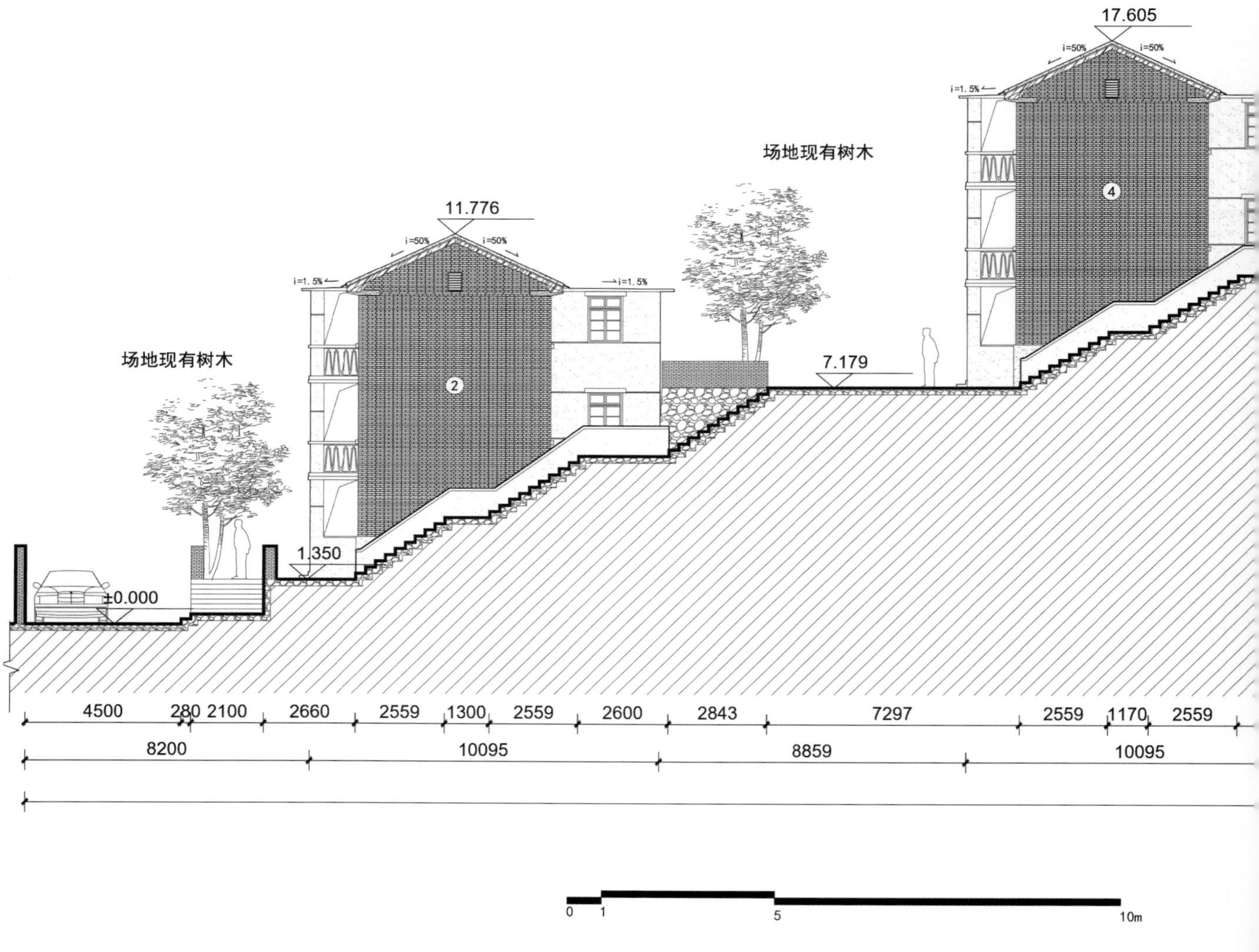

17.605

i=50%   i=50%

i=1.5%

④

场地现有树木

11.776

i=50%   i=50%

i=1.5%   →i=1.5%

场地现有树木

7.179

②

1.350

场地现有树木

±0.000

| 4500 | 280 | 2100 | 2660 | 2559 | 1300 | 2559 | 2600 | 2843 | 7297 | 2559 | 1170 | 2559 |

| 8200 | 10095 | 8859 | 10095 |

0 1   5   10m

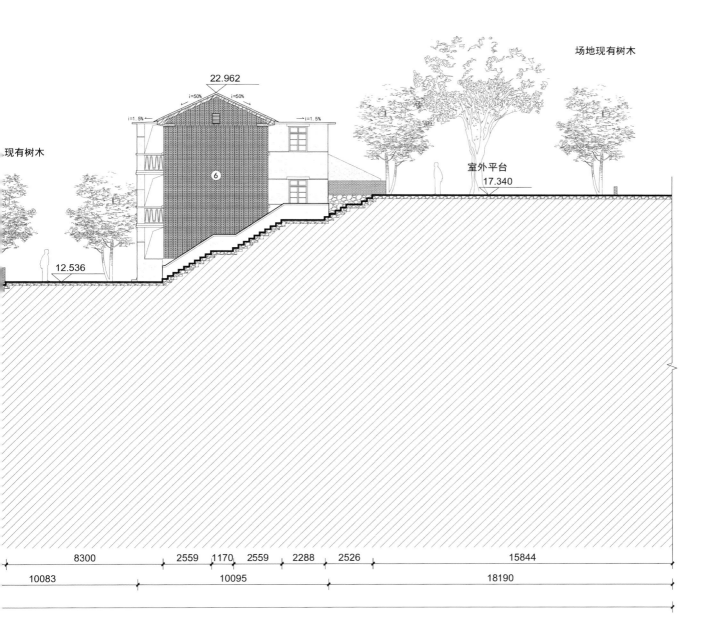

蒲纺朝阳坪集合住宅场地 A-A 总剖面图

5. 建筑测绘手绘草图与仪器草图

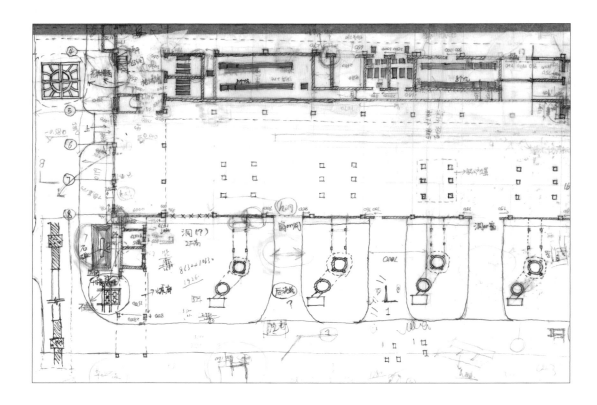

蒲纺热电厂一层平面手绘草图

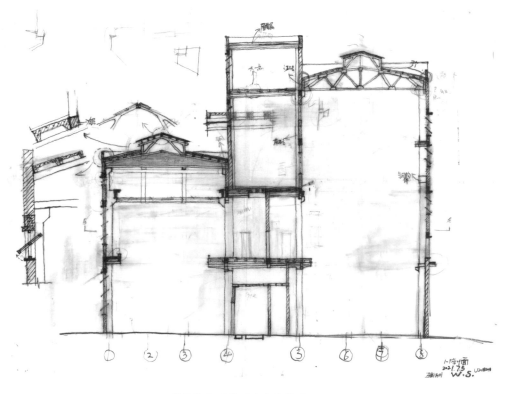

蒲纺热电厂横剖面手绘草图

蒲纺热电厂正立面全站仪测绘数据

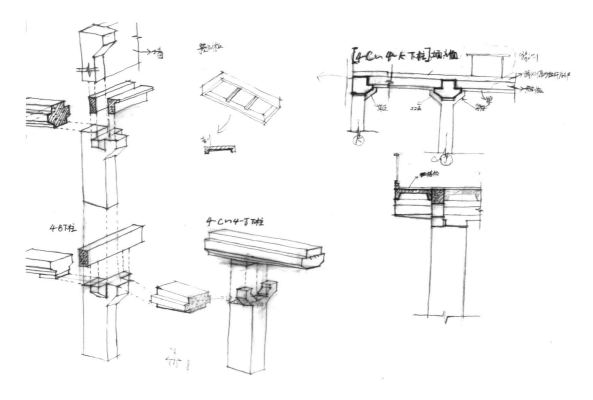

蒲纺热电厂构件轴测手绘草图

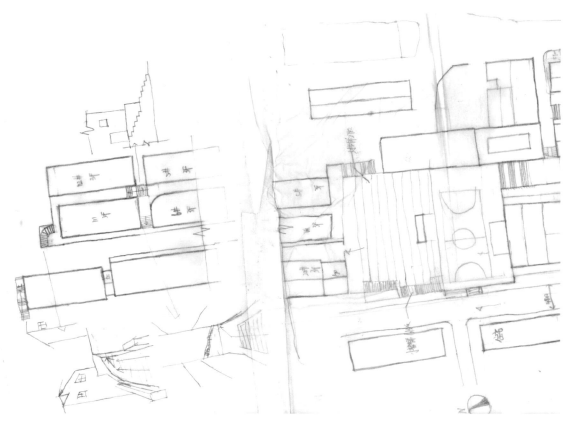

六米桥影剧院总平面手绘草图

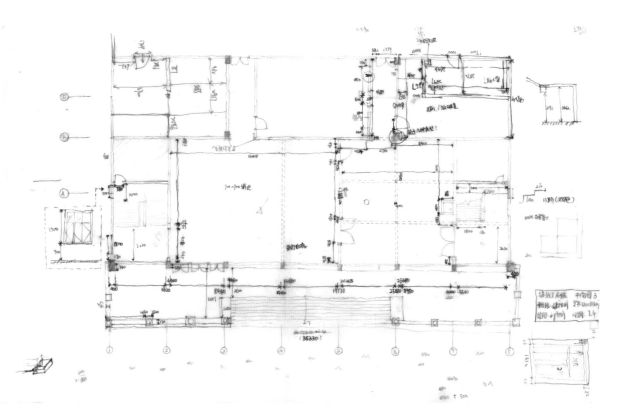

六米桥影剧院一层平面手绘草图

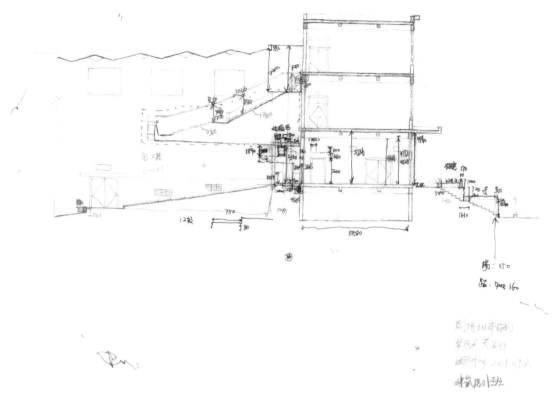

六米桥影剧院办公区纵剖面手绘草图

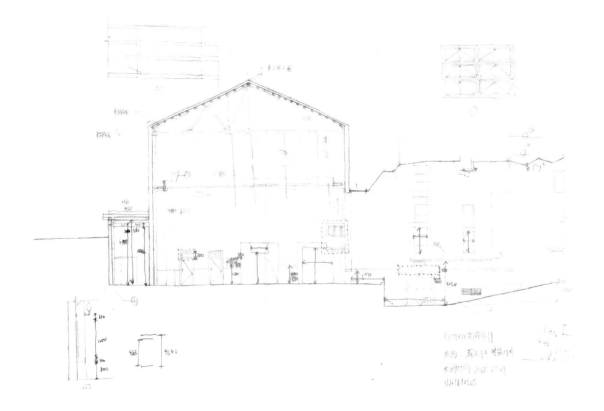

六米桥影剧院舞台纵剖面手绘草图

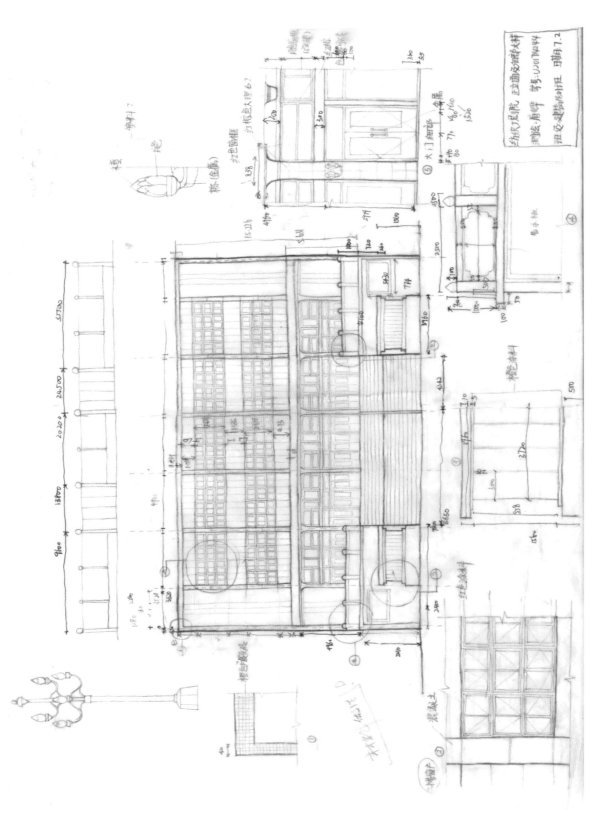

六米桥影剧院主立面手绘草图

朝阳坪住宅区总平面手绘草图

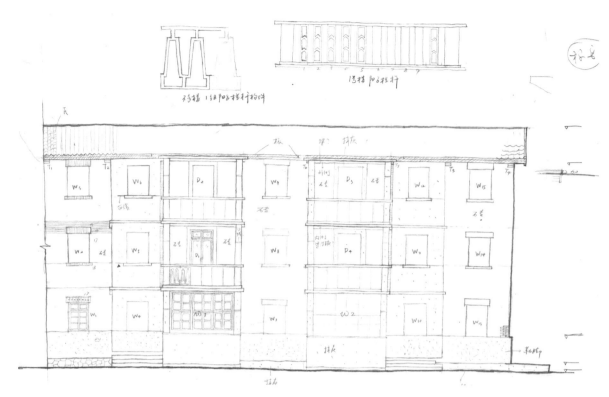

朝阳坪住宅区 3 号楼正立面手绘草图

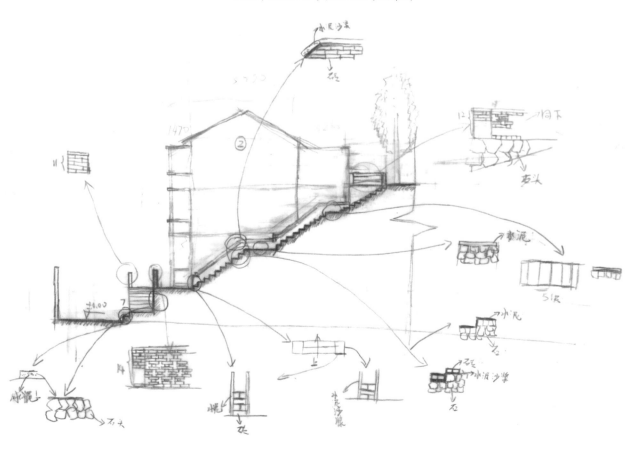

朝阳坪住宅区中部楼梯剖面及大样手绘草图

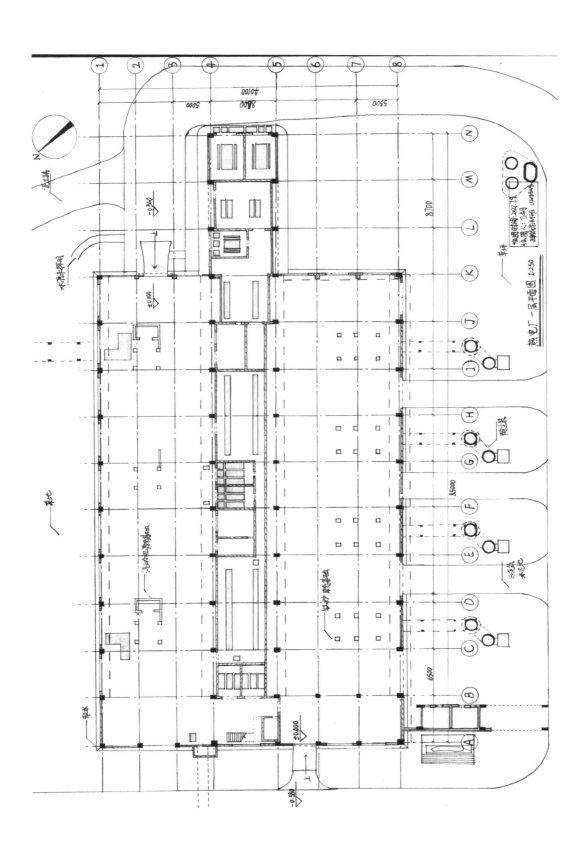

蒲纺热电厂一层平面仪器草图

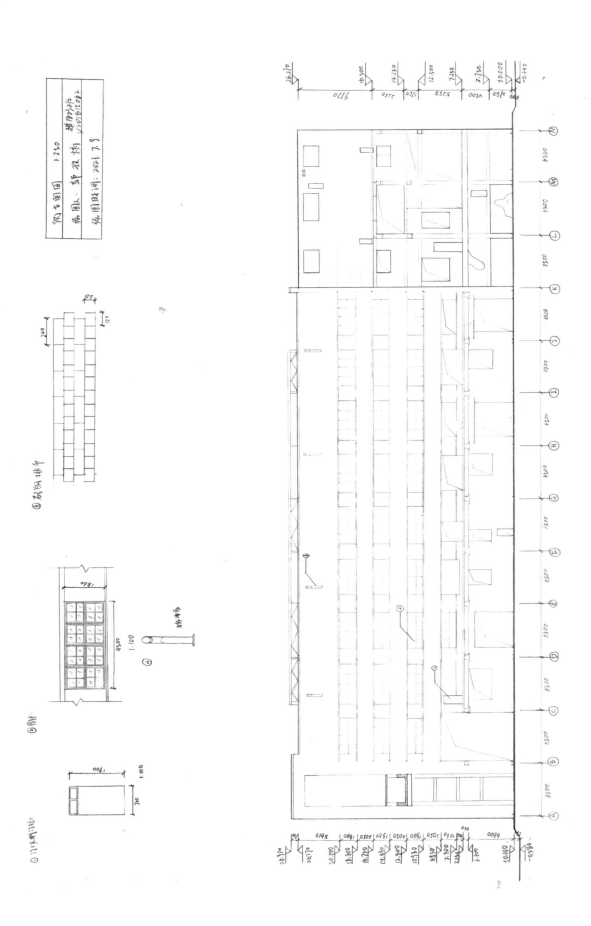

蒲纺热电厂侧立面仪器草图

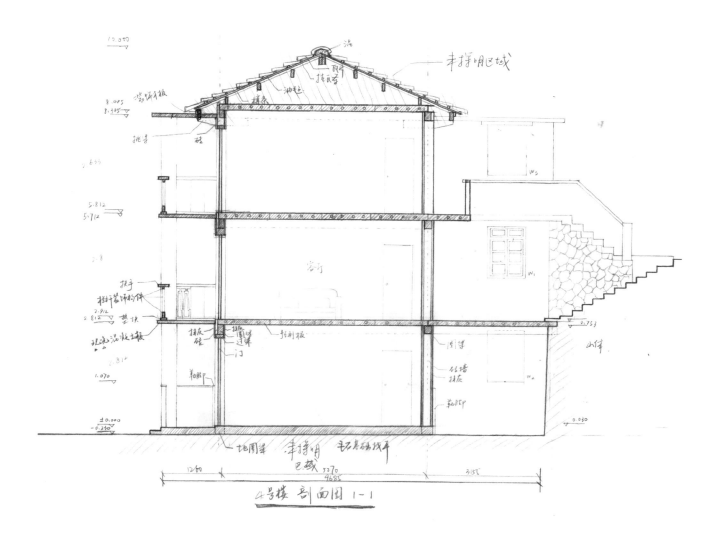

朝阳坪住宅区 4 号楼纵剖面仪器草图

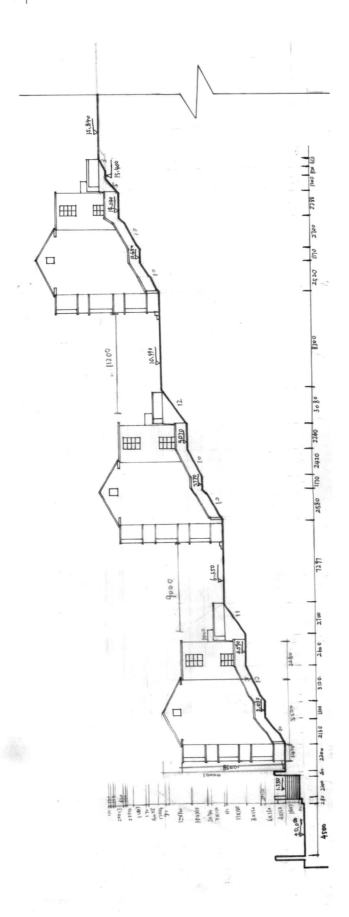

朝阳拜住宅区总剖面仪器草图

（二）历史建筑资料调查

1. 图纸档案

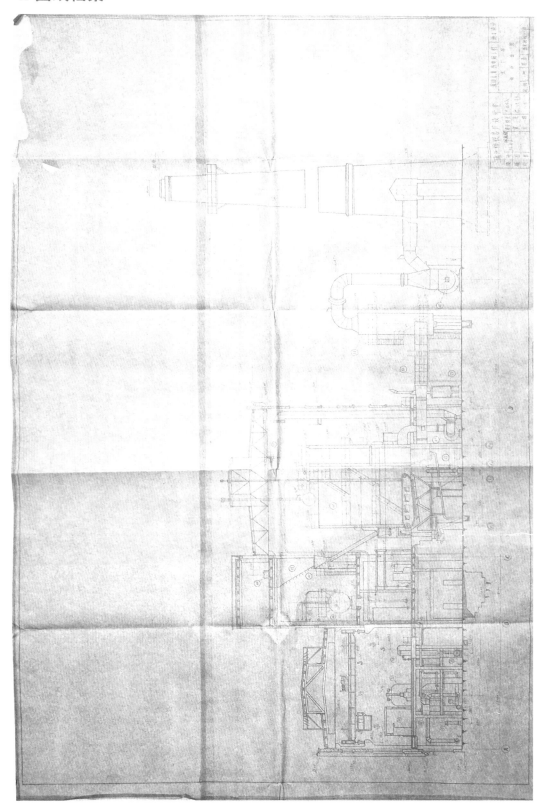

蒲圻纺织厂热电厂主厂房横剖面图

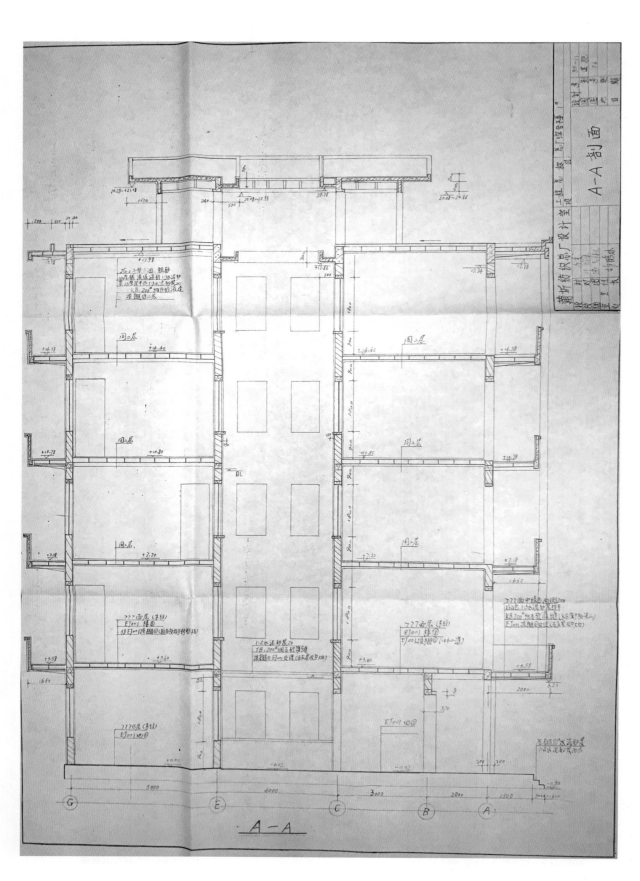

蒲圻纺织总厂总厂综合楼 A-A 剖面图

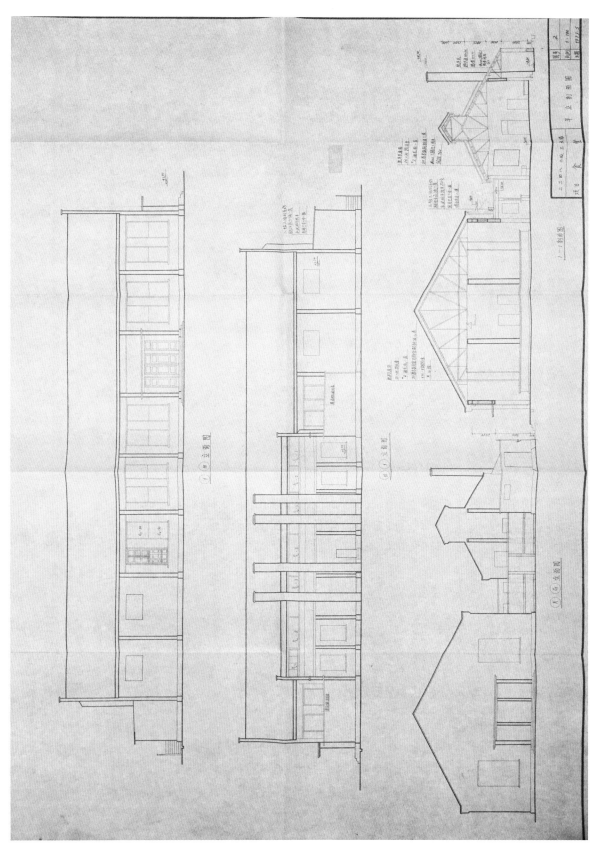

蒲圻纺织厂某食堂剖面图、立面图

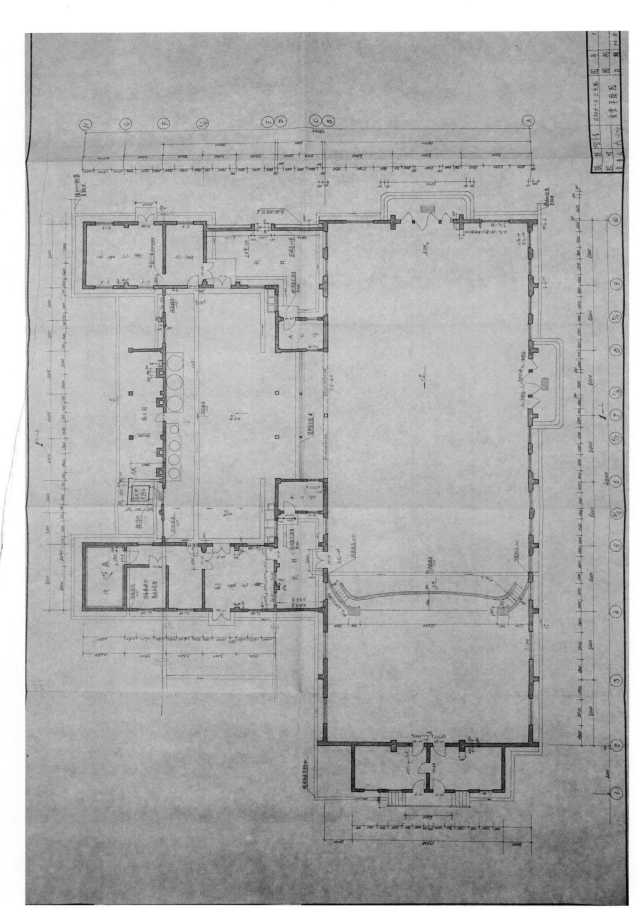

蒲圻纺织厂某食堂平面图

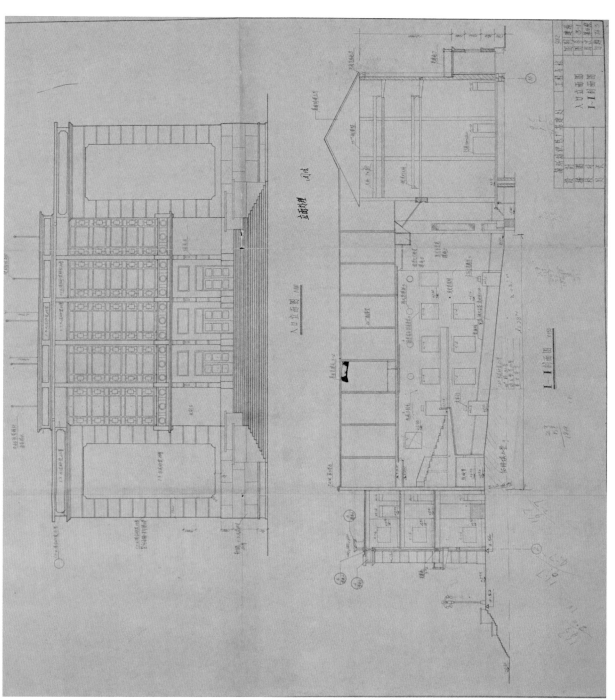

蒲圻纺织厂 9002 工人影剧院正立面图、I-I 剖面图

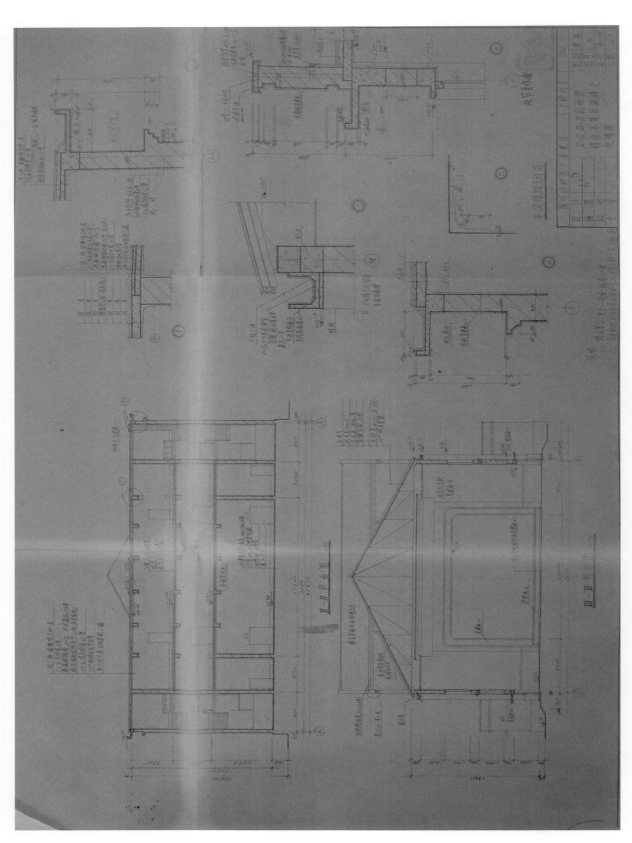

蒲圻纺织厂 9002 工人影剧院 II—II、III—III 剖面图，檐沟、平屋面挑檐、女儿墙构造图

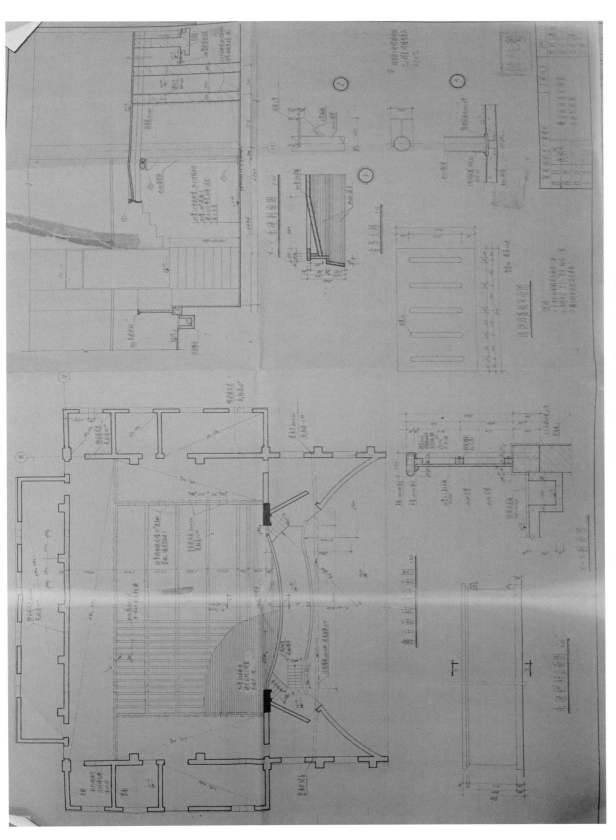

蒲圻纺织厂 9002 工人影剧院舞台面构造平面图及乐池剖面图

2. 三维激光扫描点云

热电厂主厂房空间 1

热电厂主厂房空间 2

3. 无人机三维倾斜摄影建模

热电厂及其周边环境

热电厂主厂房东北立面

自西南方向鸟瞰热电厂主厂房

4. 无人机及数码相机摄影

1. 自西南方向鸟瞰热电厂主厂房及周边民宅
2. 热电厂主厂房顶视
3. 东南方向鸟瞰热电厂主厂房
4. 热电厂主厂房东南立面
5. 热电厂主厂房东北立面
6. 热电厂二厂门
7. 热电厂主厂房东南立面，除尘塔、冷却塔
8. 热电厂主厂房内部
9. 热电厂副厂房内部
10. 热电厂除尘塔
11. 热电厂冷却塔

1. 六米桥影剧院及其周边环境
2. 六米桥影剧院顶视
3. 六米桥影剧院及其后广场顶视
4. 六米桥影剧院后广场及其周边环境
5. 六米桥影剧院正立面
6. 六米桥影剧院后广场
7. 自东南方向鸟瞰朝阳坪集合住宅及其周边环境
8. 集合住宅顶视
9. 自东南方向鸟瞰住宅区公共楼梯
10. 集合住宅楼栋间平台
11. 集合住宅公共楼梯

5. 建筑口述史研究

蒲圻纺织总厂建设记忆——三线建设亲历者访谈记录（节选）[1]

戴琰章先生、翁新俤先生、金桂芬女士是团队接触到的蒲圻纺织厂的代表性人物。戴琰章作为最早参与建设的人员，曾担任蒲圻纺织总厂的决策者，经历了艰难的建设初期到繁荣发展的兴盛期，再到最后的衰败期，在其视角下解读当时的历史文化内涵有着重大意义。经蒲圻纺织总厂基建处的工程设计师翁新俤回忆当时的建筑设计与建设情况，我们了解了特殊时期下的设计流程与建筑工艺技术。一代工人金桂芬回忆了三线建设时期的工作与居住生活情况，我们感受到"艰苦创业、团结协作、勇于创新"的三线建设精神。

受访者简介

戴琰章

男，1935 年 12 月生，江苏南京人；1957 年华东第二建筑工程学校 (现扬州大学建筑科学与工程学院) 给排水专业毕业，分配到太原化工厂；1959 年入党，1967 年到中南化工厂 (后来的中国人民解放军二三四八工程指挥部第二筹建处，即蒲圻纺织总厂)，为最早一批 "老中南"；1968 年 11 月任技术员，1970 年 1 月赴上海学习了 3 年针织技术，成为经编技术工程师，任针织二厂党委书记兼厂长，后赴香港学习；1979 年任湖北纺织工业技工学校蒲纺分校第一任校长，后在小学 – 高中子弟学校任党支部书记；1982 年，任机械厂党委副书记，同年 11 月机械厂变更为印染厂后，又从印染厂调至纺织二厂 (1985 年后由针织厂转成)。

■**采访者**：陈欣、黄之涵、邓原 (华中科技大学建筑与城市规划学院)
■**文稿整理**：陈欣、黄之涵、邓原 (华中科技大学建筑与城市规划学院)
■**访谈时间**：2021 年 11 月 12 日
■**访谈地点**：湖北省赤壁市蒲圻纺织总厂旁的住宅楼
■**整理时间**：2021 年 11 月 14 日整理，2021 年 11 月 20 日定稿

---

1 陈欣, 黄之涵, 马佳琪. 多视角口述历史下三线建设工业遗产基本价值梳理——以蒲圻纺织总厂为例 [M]// 谭刚毅, 贾艳飞, 董哲. 集体记忆与新精神. 上海：上海文化出版社, 2022.

翁新俤

男，1945 年生，福建人；1963—1968 年就读于东南大学工民建专业；1968 年底毕业分配到南京附近部队农场；1970 年与两三名同班同学一起抽调到蒲纺；1972 年调到 105 机械厂担任基建科长，负责热电厂厂房设计；20 世纪 80 年代机械厂完工后，到总厂担任设计师，参与住宅、食堂、礼堂、托儿所等多种建筑类型的设计与建造；曾任蒲纺设计院院长、二三四八工程指挥部设计师。

■ 采访者：陈欣（华中科技大学建筑与城市规划学院）

■ 文稿整理：陈欣（华中科技大学建筑与城市规划学院）

■ 访谈时间：2021 年 7 月 7 日

■ 访谈地点：蒲纺设计院二楼办公室

■ 整理情况：2021 年 7 月 15 日整理，2021 年 8 月 6 日定稿

金桂芬

女，1956 年生，江苏人；1970 年随父母到蒲纺支援三线建设（父母原在郑州国棉三厂工作）；初中学历，在蒲纺从事检验工作，属于蒲纺一代工人，于 2006 年退休。

■ 采访者：李登殿（华中科技大学建筑与城市规划学院）

■ 文稿整理：陈欣（华中科技大学建筑与城市规划学院）

■ 访谈时间：2021 年 11 月 11 日

■ 访谈地点：六米桥三食堂 (103 食堂) 门口

■ 整理情况：2021 年 11 月 14 日整理，2021 年 11 月 20 日定稿

■ 审阅情况：未经受访者审阅

戴琰章　以下简称戴

翁新俤　以下简称翁

金桂芬　以下简称金

陈欣　以下简称陈

黄之涵　以下简称黄

邓原　以下简称邓

李登殿　以下简称李

陈：您当时是怎么来到蒲圻纺织总厂这边的？这个厂是怎样建起来的？

戴：我们一百多人是 1967 年一起来这里的，来的时候这里还是中南化工厂筹备处，所以我们应该是最早的一批人。我们主要从两个地方来，即山西太原化工厂和甘肃兰州化学工业部第二设计院。筹建中南化工厂也是三线建设，当时我们几乎不参加社会活动，只顾建厂。建化工厂也是搞备战物资，因为天然橡胶不够用，所以生产异戊橡胶和顺丁橡胶供应军需。后来中南化工厂没有建成，但初期搞征地搬迁时已经完成三通（通电、通路、通水）一平。后来中国人民解放军原总后勤部看上了这里，因为这里靠山（荆泉山）、近水（陆水湖）扎大营，符合当时靠山分散隐蔽的原则，总后勤部就和化工部交涉，化工部于 1969 年 10 月 7 日把这个地方移交给原总后勤部，正式建立中国人民解放军二三四八工程指挥部第二筹建处。

陈：您能详细告诉我们，蒲圻纺织总厂具体的建厂顺序和相关信息吗？

戴：一开始搞了 5 个厂，最先建立起来的是纺织厂，当时叫中国人民解放军二三四八工程指挥部第二筹建处第一大队。纺织厂生产三元混纺布，这个布料是咱们厂技术人员自己研发出来的。第二大队主要生产人造毛皮，人造毛皮比较轻，可以减轻军队负重。第三大队生产雨衣绸，第四大队生产经编蚊帐。当时我们国家没有比较完整的经编机，只有上海有几台进口的经编机，但是噪声很大，生产出来的产品质量并不高。所以在上海第七纺织机械厂专门设立一个部门，为我们厂研制出第一部比较完整的国产经编机，叫 Z303 经编机。第五大队就是搞机修的。有这么多厂，当时在全国范围内都算规模大的，蒲圻纺织总厂曾经是我们国家的五百强企业。除了生产厂，也有动力厂、自备电厂、水厂，所以第六大队就是搞水、电、气的，也是现在的热电厂。但在建厂时，总后勤部考虑到人造毛皮遇火会与皮肤粘连，就取消了第二大队人造毛皮厂，又建了针织二厂。

陈：当时三线建厂都有专门的代号，蒲纺的各个厂代号是什么？

戴：从中南化工厂转为蒲纺后，生产流程是这样的：石油冶炼后的部分产品作为化工原料生产化工品，然后到第三步纺织面料生产。三个大厂分别是 3101 长岭炼油厂、3102–3109 岳阳化工厂、3110 蒲圻纺织总厂。各个分厂又有代号，分别为 3552 涤纶纺织厂（一大队）、3553 腈纶丝织厂（三大队）、3554 腈纶针织厂（四大队）、3616 机械厂（五大队）。

邓：您原是"老中南"，应该对口化学专业，纺织的专业性极强，您是如何掌握纺织专业相关技术和工艺内容的？

戴：我原来在太原化工厂党委办公室干过，是管理生产的生产干事。后来去上海学习的时候，作为纺织厂第二车间处生产组的技术员，统筹管理所有的设计。从中南化工厂变成中国人民解放军二三四八工程指挥部第二筹建处的第二天，首长就让我去上海学习，包括工厂设计、设备设计及工人培训。当时工厂有规定，所有设备必须都是国产的，不能是进口的，因此要自己设计。

邓：当时您去上海的主要任务是什么？都有哪些设计院或者研究所参加？

戴：当时总后勤部下达命令要用最新研究、最先进的国产设备，所以主要任务有三个，即配合设备选型、配合设计院进行厂房和工艺设计、联系同行业厂家进行新设备工艺实验。基础设备的选购由北京合成纤维研究所负责，这是当时唯一一家专业研究所。设备选型要联系纺织设计院并确认设备清单，然后交至纺织部机械司，专业设备交由纺织厂下单生产，通用设备由机械部生产。由于轻纺工业的中心在上海，所以建立了专门生产小组，在上海订的货基本上都属于标准化产品。

邓：在当时的建设条件下，国内自主生产设备有一定难度，从设备选型到最终生产是怎样完成的？

戴：首先是纺织专业人员进行工艺流程设计，包括清花、梳棉、并条、粗纱、细纱等一系列的生产过程；其次进行初步的设备选型，设计人员会前往全国各地的纺织厂进行考察学习与资料收集，挑选出最优、最适合的设备，将设备使用生产方法编写成指导手册，培训工人上岗。我们生产小组的主要任务是测试成品参数的稳定性和确定工艺。原来梳棉机是纺织部设计院设计的，叫柏拉图，斩刀剥棉灰尘大，生产效率不是很高。后来了解到上海国棉一厂用的是 A185 梳棉机，它处理纯棉的产量速度在每小时 20 千克，比柏拉图的每小时 7 千克产量高多了，在当时国内属高产，但在世界水平看还是落后的。我们开始试验 A185 梳棉机能不能搞混纺，还把上海国棉二厂和国棉十五厂的总工程师请过来一起搞实验，也请青岛纺织机械厂升级 A185 梳棉机，最终成功制造出 A186 梳棉机，所以纺织厂后来开始用 A186 梳棉机。针织厂用的 Z303 经编机也是历经 11 种设备研究来的，由上海第二纺织机械厂（简称二纺机）生产袜机和 A511 型布机，上海第七纺织机械厂（简称七纺机）生产经编机、经轴机，上海印染机械厂生产热定型机、经轴打卷机、经轴染色机，山西榆次经纬纺机厂生产 A512 型细纱机，青岛纺机厂生产 A272 并条机、A453 粗砂机，郑州纺机厂生产 186A/C 型梳棉机。蒲圻的针织厂是全国最早一家集全国各种先进设备的大厂，全国各地纺机厂与机械厂都帮助我们生产设备。

黄：因为纺织的专业性很强，厂房在结构与空间设计时如何与设备、纺织工艺设计协调？

戴：那时候的工厂，尤其像纺织类、化工类工厂，要遵循工艺先行原则，设备是根据纺织工艺布置的。纺织专业根据设备型号向水、电、气等各个专业提条件，工艺是龙头。设备型号不同，管道走线、工厂占地面积、建筑结构柱跨也不一样，每道工序的生产车间对于温度、湿度的要求也不同。所以建筑是最后一步，厂房需要把设备都包含进去，并且需要满足设备对温度、湿度的控制要求。设计院在设计厂房时要看每个机器的占地面积，每个机器的单产，每个工序的看台率。不光是化工的机器，纺织的整个工序都有机器。不只是纺织厂的设计，其他工厂的设计也是类似的。

纺织厂的建筑设计是由中国纺织工业设计院完成的，丝织厂由华东工业建筑设计院完成，针织厂由上海纺织设计院完成，而且后两家设计院兼该厂的工艺设计，建筑与工艺协同完成。但是工艺与设计需求不同，设计院要节省（建设）资金，而工厂工艺方面要考虑生产方便与生产效率，虽然目标一致但考虑角度不同，便会产生矛盾。比如设计院希望走廊窄一点以节省面积，工厂则希望走廊宽一点，工人工作比较方便；设计院希望工厂是封闭式的，用空调来控制温湿度，工厂则希望通透一点，室内与室外的空气可以对流。最后经过协商（双方）达成妥协，封闭式的纺织厂由于灰尘大，对工人的伤害很大，但对空调系统比较有利，因此丝织厂采用锯齿形的天窗，既可以有阳光照射，又能带来空气对流。

黄：您在蒲纺这么多年，作为一名决策者与统筹者，能否谈谈感受？

戴：我在这里五十多年，感受就是两句话。第一，我们白干了。在这里艰苦建厂，大家都没有怨言，艰苦奋斗，到最后白干了。第二句话，我们没有白干。不管怎么样，我们把这个工厂建立起来以后，曾经给国家作出很大的贡献，在为国家作出的贡献里有我们每个人的汗水。蒲纺是在社会主义大协作的过程中形成的，蒲纺人是一个方面军，并且整个蒲纺是在社会各界力量帮助下建立起来的。设计院进行建筑设计、机械厂专门生产设备，一万多名职工是其他工厂为我们培训的，经编机都是原来河北、河南、上海各地的针织专家汇聚在一起，甚至在全国进行调查研究，经过不断试验才成功的，所以说它是在社会主义大协作的过程中建立起来的。蒲纺还是一所培养高素质人才的大学校，很多人没有上过会计、纺织学校，但都成了各行各业的专家，所以蒲纺人"身怀技艺走四方，走到哪里哪里香"。蒲纺这个社会主义大学校为社会培养了各路人才，蒲纺人是一个顾全大局的群体。

黄：关于这里，您印象最深的记忆点是什么？

戴：记忆最深的就是我们厂建成和跻身全国五百强企业的时候，那是最愉快、最有成就感的时候。后来当我们丝织厂（生产）的丝绸变成五星红旗飘扬在天安门广场的时候，感到无比自豪。在京广铁路沿线，我们建起了一个很好的工厂。

陈：热电厂主要是您设计的吗？能否具体讲讲热电厂是如何建立的？

翁：热电厂是蒲圻纺织总厂为了满足水、热电（供应）需求而自己修的动力站。1969年末建厂，占地面积大约 139 亩（9.27 公顷）。1979 年，我们对热电厂进行了扩建，我当时负责其中部分设计。热厂和电厂是分开设计的，扩建之后的热电厂一共有 4 个车间、5 台锅炉、3 台汽轮发电机组、厂区门口还有冷却塔，规模非常大。为了配合热电厂，还建了一条铁路运输煤炭等原料。2004 年蒲纺停产关闭后，热电厂也停产闲置，铁路也被拆除了。2009 年热电厂正式关停。

陈：热电厂设计也遵循工艺先行、协同设计的原则吗？

翁：在建设热电厂的时候，也是有工艺、设计、结构几个部分的。工艺这部分是清华大学的专业人员搞，搞汽机设备的是原来华中工学院的，就是现在华中科技大学的老校友。当时这里的设计人才都是专业对口的，哪一块专业就搞哪一部分设计。

陈：热电厂属于技术要求比较高的重要生产厂房，您设计的部分是如何实现技术配合的？

翁：因为我们刚来时初生牛犊不怕虎。当时也没什么特殊人才，所以从各分厂中抽调基建科的人才来建设热电厂，包括设计、工艺、结构和水电。当时我们也参观了其他厂，我们参考的原型是湖南怀化的热电厂，边学习边建设自己的热电厂。后来把热电厂搞起来的时候，技术是比较难的点。开始试车时不过关，玻璃都被震碎了，我们以为是工厂建造出了问题，结果工地说不是建造问题，是因为汽机旋转要把振动频率调整合适才能安全运作，稍稍差一点就会有很厉害的震动。

当时我和另一个副处长一起负责热电厂设计，他负责土建方面，我负责设计左侧的厂房，同时也有工艺的配合。建设厂房的时候，结构性构件用预制件或者混凝土现浇梁柱，楼板是预制吊装的，屋顶的桁架是混凝土（预制）的。柱间距都是 6.5 米，不是 6.6 米（建筑模数），都是配合设备型号经过计算之后（选择的）最合适的跨度，标准件是专门制作的。厂房中间部分楼板厚度也不一样，根据生产空间和使用性质会有变化，大部分楼板是后来加的。

陈：内部空间楼板厚度不同，柱跨模数也很特殊，应该也是配合了工艺流程。那在设计这个厂时，技术和工艺是如何协调的？

翁：原来厂房里面二、三、四层会放设备。比如，在储存设备罐的地方楼板就会厚一点，这里（要求）承重能力强，换罐子和放罐子都在这里。内部空间隔断墙也是后来根据设备大小和空间使用需求与功能才加的，我们厂房内部的具体设计都是要看设备的。我们当时也是由三个不同负责人完成热电厂不同部分的建造，设计、工艺、土木施工之间都要相互配合，大家一起在大房间里搞设计，互相之间有不明白的地方马上可以问清楚，修改调整。但是我们要先从工艺设计人员那里得到初步的设备数据，再来设计宽度、高度，那时候工厂都是工艺先行，由工艺确定这块需要多少面积，要多高。

陈：当时工艺设计协同进行的时候，除了参观其他厂区，有参考哪些标准化的图纸吗？

翁：会有工艺制图的图纸集，我们搞建筑设计的不太能看懂工艺制图，但是团队里有专门的工艺设计人员和安装人员。每个团队都是（从）整个基建处的生产组、工艺组抽调人手，当时人才还是有一些的。大家都坐在一起，说是什么问题，需要改哪儿，然后讲定了再调整。

陈：热电厂在建造的时候会有大功率的运作机器吗？如何解决当时能源耗费大的问题呢？

翁：我们在热电厂外面放了冷却塔，没有（把它）放在厂区里是有原因的。放冷却塔是因为纺织车间有工艺要求，必须要保持恒温、恒湿，但是当时没有那么多钱集中做大功率空调。后来恰好基建处工人张存身发现泉门口有一个山洞，一直连着大山背后另一个山洞，桃花坪靠近朝阳坪的山腰上也有一个山洞。张存身等基建小组成员就在想这些山洞是不是连通的，所以做了一个实验，带很多染料上山，投到朝阳坪山洞的溪水里。在泉门口山洞也有一组人在观测，十几分钟后发现清澈的泉水变成红色的了，证明了这些山洞之间确实是连通的。基建处得到这个消息非常高兴，再次带队探底，发现这个山洞可以当作天然的冷却管道，工艺组的曹哲民带头绘制工艺图与施工方案，基建处马上动工架设管道、安装水泵把泉水引到工厂里，就这样形成自然和工厂之间的冷却循环系统，相应也配备了制冷装置。这里建立起来的冷却塔也叫作"101"冷却塔，而且为了防止冷气流失，工厂把山洞半封闭遮盖住了。工人在夏天炎热的时候还会来山洞边乘凉。

陈：您觉得自然山洞与工厂结合形成的制冷系统的价值体现在哪里？

翁：山洞的冷源和当时我们有限的工业制冷条件结合起来，非常有效地解决了工厂大规模的夏天降温问题，这是我们蒲纺人共同的智慧与努力。今天你们去看泉门口，山洞的水还是18℃，水量也非常恒定，在当时来说经济价值非常大，三十多年来帮助工厂节约的成本是难以估量的。后来我们也努力给热电厂和冷却塔申报历史文化建筑，以"蒲纺电厂遗址"的名义顺利确定为赤壁市第一批历史文化建筑。

李：您来这边比较早，还记得纺织建厂的经历吗？

金：1969 年我们是作为知识青年下乡来到这里的，当时全国大招工，我就来蒲纺找工作。刚来的时候厂里什么都没有，我们就在这里搞建设。当时厂址周边都是农村，上山下山要很久，路上都是泥，二十多千米路需要走三四个小时。那时候都是部队管理模式，口哨一吹整个厂就像军队一样集合干活。纺织厂建好后，就开始安装机器。当时有师傅带着我们做，师傅都是从老家、从别的厂或单位过来的，各地的都有。纺织车间就慢慢建起来了。我们进车间之前还会进行培训，有工人去技校或者上海培训，回来再教我们，当时还有指导的生产手册。开始我们派老员工分别去上海、河南的老纺织基地学习三个月左右，后来工人来源主要是武汉纺织设计院，他们在武汉纺织设计院毕业之后分过来，然后在蒲纺直接（上岗）工作。

李：您曾经在纺织厂工作，是否还记得当时厂里工作的工艺流程？

金：我们的车间设计是跟着设备走的，一共有 8 个车间。一车间是前纺，二车间是粗纱，三车间是细纱，五车间织布，六车间修布，这 5 个车间主要参与纺织；四车间是准备车间，主要用大滚子捻线、梳理粗纱、团线，然后到整经；七车间是整理车间，还有水暖供；八车间是机修车间。棉花进厂首先检验质量合不合格，然后滚成棉球。一车间先清棉花，我们叫清花。清花结束后送到二车间和三车间梳棉花，按照工序制成粗纱、细纱，然后再把一根根细纱穿在纺织机上，在四车间整经完成后就送到五车间，拖动布机开始织布。横档用梭子，竖档用大滚，完成织布最后一道工序后送到六车间，检验成品有没有瑕疵，如果有瑕疵就要织补。小的瑕疵和大的瑕疵用不一样的颜色织补，小瑕疵用红色，大瑕疵用黄色，等把瑕疵都检验完就可以往各个分厂和其他地方送去印染军布。布料要通过火车从蒲圻站运到各个地方，往武汉运得多，但现在火车轨道已经拆了。

李：您当时了解各个车间的设备状况吗？有没有用过国外进口的设备？

金：开始的设备都是国产的，是当时最好的几个型号，20 世纪 90 年代才开始引进新的日本、德国的设备。后来三车间有德国进口的自动络纱机，进口设备质量好，省力，但不是所有车间都用了进口的设备。

李：在厂里开始生产时有参观其他厂吗？有关注生产空间和生产设备之间的关系吗？

金：生产前我们会参观，一般看建房子，再确定我们厂要建成什么样。厂房高度、通风，还有内部湿度都要达到一定要求。不管在哪建纺织厂房，都要达到相应标准，温度和湿度要适宜，否则厂内机器运转不起来，或者运转后产品质量不合格、不好看。我们厂整个车间全部是连在一起的，就算下雨了，不出去也可以在厂里各车间之间走动，因为够大，设计结构精巧。但是为了防止外面人进来，每个车间门口都有士兵站岗，对外是保密的。

车间里都安装了空调，厂里那么大的车间，都有中央空调。但不像现在的中央空调，那个管子都是非常粗的，都有通风口，车间里顶部有湿度控制设备。后来生产了一段时间，每个车间里都会设计一些为女工服务的空间，配套的设施都有，比如淋浴间。

李：作为蒲纺的第一代工人，您对这里印象最深的地方是哪里？

金：我对生产车间印象最深，我们厂是规模最大的，也是最早建立的。纺织女工在车间待的时间是最久的，刚上班是三班倒，后来改成四班倒，一个星期休一天，其实还挺累的。我在六车间做质量检验，当时工作还要评分、评优，布料如果不检查，送出去发现有问题，返修或者上报回来就要扣分、扣工资。原来厂里织布质量好，后来设备老化逐渐就不行了，设备使用时间太长了。一九六几年的设备一开始比较新，出来的布品质量也不错，我能够被评选为优秀员工也是非常骄傲的。那时候有组织合唱，下班就去练，最后在六米桥影剧院演出。大家对这个影剧院感情也很深，前两年上面说想拆，我们不同意，就没拆。

（三）历史建筑测绘调查实践报告

1. 热电厂

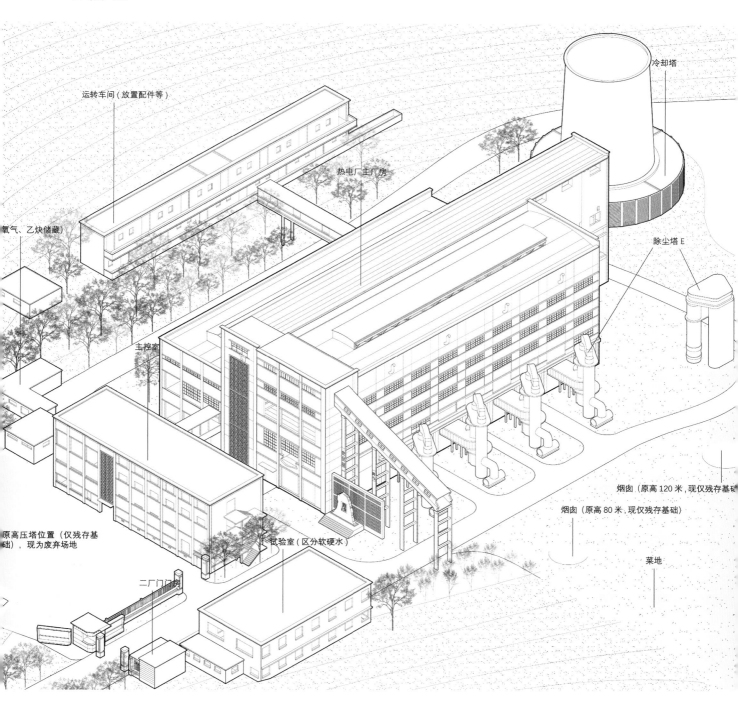

运转车间（放置配件等）

热电厂主厂房

冷却塔

氧气、乙炔储藏

除尘塔 E

主控室

烟囱（原高120米，现仅残存基础）

烟囱（原高80米，现仅残存基础）

原高压塔位置（仅残存基础），现为废弃场地

试验室（区分软硬水）

菜地

二厂门门房

热电厂轴测图

万 朔
建筑学 2018 级本科生

1）热电厂结构构造观察（节选）

热电厂整个主厂房的结构都是预制件搭建的，混凝土预制的牛腿柱、"T"形梁、钢桁架、混凝土实心腹板、楼梯，并且所有构件都是当时专业队伍吊装上去的，可见当时装配式建筑的建造过程已经很完善了，但通过这几天测绘过程中的观察，我认为当时构件的制作技术与标准的制定与现在相比还是有一定差距的。

表 3-1 结构构件表

构件类型	构件种类	构件样式	构件代码	数量
屋架R (roof)	厚腹式 thick walled		R-R.C.th	3
	多边式 polygonallop		R-S.pl	4
柱C (column)	单肢矩形式 single-limb rectangle		C-R.C.sr	32
	方柱 square		C-B.s	4
吊车梁CB (crane bean)	预应力T式 pression T		CB-R.C.pt	2
屋面板RB (roof broad)	大型板 large		R.B-R.C.1	101
	F型板 F		R.B-R.C.f	9
天窗SK (skylight)	上凸矩形式 convex rectangle		SK-R.C.cr	2

注：根据《中国工业建筑遗产调查记录与索引》中建筑结构构件代码索引绘制。

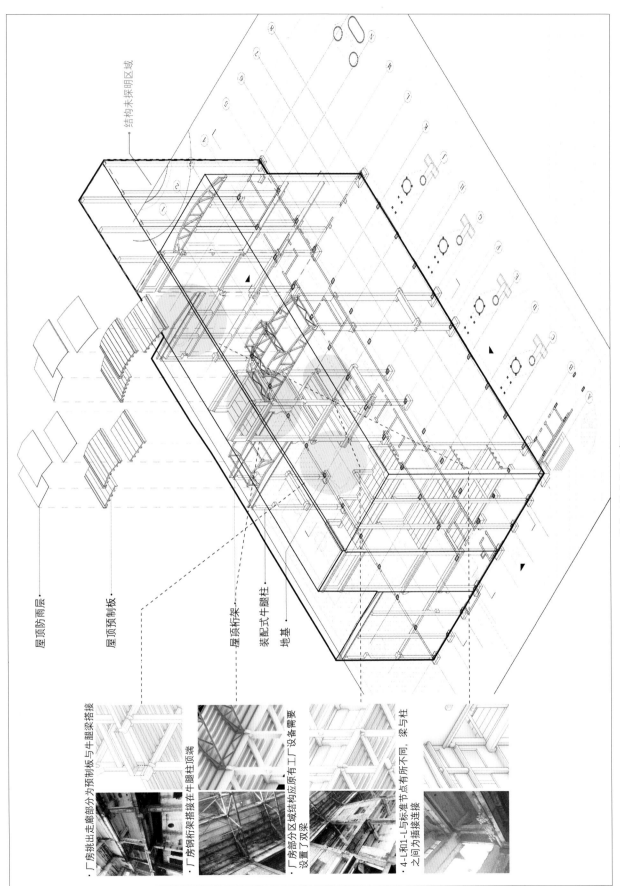

结构未探明区域

热电厂结构构件分析图

屋顶防雨层

屋顶预制板

屋顶桁架

装配式牛腿柱

地基

· 厂房挑出走廊部分为预制板与牛腿梁搭接

· 厂房钢桁架搭接在牛腿柱顶端

· 厂房部分区域结构应原有工厂设备需要设置了双梁

· 4-L和1-L与标准节点有所不同,梁与柱之间为插接连接

①中间与两侧桁架的特点。

在现场记录各个构件时发现，中间的部分（B到J轴线，见热电厂一层平面仪器草图）柱子尺寸标准基本一致，但两侧的柱子标准化较差，且设计得较为复杂，设计逻辑上较难理解，基本上是哪里需要"牛腿"就在柱子上加上去，最后整根柱子给人感觉较为突兀。在结构形式上有的是搭接，有的是卡接，没有很好的统一形式。

②柱子上的钢构件。

部分柱子与梁的衔接处出现了梯形钢构件，类似牛腿柱。本可以预制施工的构件形状，为何却使用了钢构件，特别还是在支撑结构部位，目前猜测是部分柱子为了节约制造成本，牛腿柱部位未采用混凝土预制法，而是后加装钢构件，也不排除设计图突然被修改了，导致只能临时加钢构件支撑。

热电厂里的预制板

预制板规格尺寸不一

K-1号柱

A-3、A-4号柱

钢构件节点

③不平整的牛腿柱。

现场观察到，部分柱子上的牛腿柱两侧高度不一致，梁的底部不得不切除一部分来完成搭接，基本上可以推断出这是构件浇筑支模时出现了失误，应该是为了节约材料依旧使用了该构件。

④预制板的尺寸规格。

预制板是热电厂主厂房中数量最多的预制件，而且也是构造最清晰、保存最完整的构件，现场可以非常清晰地观察到预制板的构造（见热电厂里的预制板图）。预制板为凹型预制板，中间设有两根钢构件支撑，类似主梁之间的次梁作为辅助支撑。厂房中大部分的预制板构件尺寸规格一致，这也是装配式建筑建造的特点，即尽可能地减少支模数量，统一构件。但现场观察发现也有部分地方的预制板构件大小不一致，重点集中在中间厂房除氧间的三四层楼板，而且每榀之间的预制板都不一样，毫无规律可寻（见预制板规格尺寸不一图）。在跟设计师交谈的过程中了解到，中间部分地方预制板不一样大部分原因是需要根据设备位置进行调整，有的地方设备过重或者存在震动，需要加固预制板，或者有的设备需要在楼板开洞，洞口尺寸不一致，所以有的地方预制板的尺寸做出了单独设计。这也给我们建筑设计带来了一个新的理念，对于生产建筑而言，建筑的服务对象不是人而是设备，一切都要以生产设备顺利生产为主。同样，构件的设计也要以生产设备的尺寸为标准，不能因为建筑需要装配化、构件标准化就依照构件的标准来设计，生产建筑的装配化还是得根据生产需求做出特殊构件的生产。

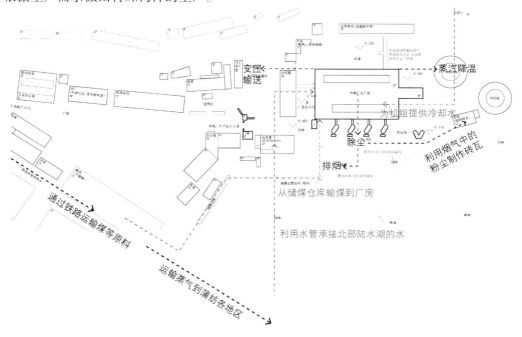

厂区包含生产功能区以及配套的生活设施，
热电厂运转主要利用煤燃烧产生热量，加热水至转变为水蒸气，
水蒸气推动发电机涡轮运转产生电能。
电能供工厂运转和蒲纺地区日常生活所需，高压蒸气供工厂加热使用。

热电厂布局图

张雨晴
建筑学 2018 级本科生

2）生产工艺与建筑结构导向的建筑设计（节选）

测绘本身就与以往司空见惯的设计不同，是一种反向的思考，故而在这一过程中，从已建成的空间反向思考需求时更容易发现在正向设计过程中未发现的问题。比如在以往的设计中，结构本身的易用性往往是作为空间塑造的附属品存在的，在之前的设计课中，即使强调结构性，也是将结构作为空间造型等要素本身的一部分来考虑；但是在测绘过程中，这一特殊建筑类型带来的思考是直接对结构本身的适用性思考，所以需要将需求从一般性的生产空间具体到每一个单元空间具体的功能。

我所想的是，这种对于结构更为精准的减少冗余的设计方法，本身的集约性自不必说，更直接的是可以提高设计时对于建筑的掌控力，使所有的建筑场景可以保证在设想时就与最后的使用情况一致。这种做法并不一定意味着直接对结构进行操刀，因为其本质实际上是通过对全部使用场景串联的模拟达到对于建筑完全的掌控力，因此我想更有可能在建筑设计方向上尝试这种方法的方式应该是将所有使用场景按照此次测绘所提出的 daily routine（日常事务）的归纳方法，归纳出几种使用人群在建筑中的直接活动场景，相当于这一方法的逆推，通过对于多种使用人群活动场景的归纳得到完整的场景链条。

在此之前，我一直在思考的是如何弄清内部结构的关系以及车间运行的情况，但是却忽略了测绘对象作为工业建筑很重要的特点就是它对于地区的影响和地区为它提供的资源。在蒲纺热电厂这一案例中，这一点更加重要，因为根据访谈，整个蒲纺地区的生活及生产用电都是由该厂提供的，在存在如此之大的需求量的情况下，主厂房与厂区之间的建筑各个职能之间在物质上如何完成转换，成功将电输送到各地区，厂区与整个蒲纺地区如何完成原料到最终生产电的这一过程，其实都应该是十分需要关注的，再加上作为三线建设工程的经典案例，其特殊的生活区域与生产区域结合的城市肌理也决定了不能以纯粹的生产性衡量热电厂厂区。事实上，在根据访谈完善了解了厂区周围其他建筑的功能之后，也证明了这一点的正确性，许多工人的生活是与该片区的工厂紧密相连的。

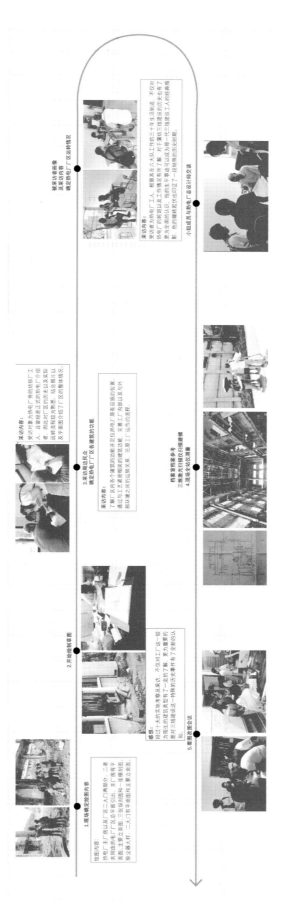

热电厂时间线

郭孜熠
建筑学 2018 级本科生

3）建筑测绘方法反思（节选）

我意识到在该热电厂厂房的设计过程中，厂房的形式是工业过程的结果，而不是出发点。工业建筑的设计似乎主要从工业自身的流程出发：煤如何转化成蒸汽、如何发电；在这个过程中，这样的工业流程需要怎样的功能空间；这样的工业流程又需要怎样的机械和加工手段，以保证流程的正常运行；而建筑功能空间又该如何满足工业流程的日常所需以及所需要的机械摆放方式。我意识到这是一种特殊的建筑设计手段和方式方法。

对于草图绘制我的反思有如下几点。

（1）绘制草图最主要的是观察，真实地记录现有建筑的过程帮助我们将建筑从真实环境转译到图纸上，而我在草图绘制过程中遇到的第一个问题就是深入观察，下面以我进行立面草图的绘制经历为例进行说明。

①一开始我只注意到有几排窗户，一排有几个窗户，窗户的大致比例，以及几个门窗洞口，认为这就是立面的组成，画出来的立面图也比较单一，只有窗户和建筑外形。

②经过学姐提醒，我注意到窗户的上下均有挑檐，上挑檐比较宽、比较突出，下挑檐比较细、突出较少，挑檐结束的位置也并不是窗户结束的位置，而是突出了一段距离，且有的部分也有分缝，于是在之前立面图的基础上继续修改，添加关于挑檐的细节。同时也注意到窗户打开的方式与我们日常生活中常见的方式不同，是旋转开启的，于是也进行了绘制。

③我在修改过程中发现还有空间上的前后关系，如正立面实则体现了三个厂房并置的前后关系，需要用不同粗细的线条进行表示。

（2）我在草图绘制阶段也学到了该如何通过制图技巧完整有效地传达建筑信息。以我所负责绘制的屋顶仰视图为例，一开始我困于构件的多而繁杂，无从下手。因此初步绘制的草图存在上下交叠、无法看清的情况。如 X 形钢架，在抬高屋面上有一层，在桁架上部有一层，在桁架下部也有一层，三者互相交叠，难以完整地在一张图上进行表达。学长指点我可以将所看到的内容分成不同的层次来绘制，于是我带着解剖的眼光重新来看，发现屋顶构件可以分成四层，每一层都有完整的体系，于是在接下来的一天我将其分成四层观察绘制，每一层都可以较好地进行展示，不再存在遮罩问题，单层需要注意的点或者需要画立面图／剖面图进行对应的地方也可以较为清晰地进行引注编号。通过这种方式，我也较为完整地认知了建筑的屋顶构造。

在十堰生活的十几年，我从未意识到三线工程与十堰的历史渊源，这次来到蒲纺，在家乡之外，以认识蒲纺的方式理解家乡，从第三人称视角理解三线工程，理解这些熟悉的工厂，不仅让我认识了蒲纺这样一个富有独特魅力的区域，也让我对于自己的家乡有了新的认知。

热电厂作为厂区动力源，位于蒲纺地区的中心位置，其燃烧煤所产生的高压蒸汽和电力通过高压蒸汽管道和电网传输到各生产单元。

总厂供能图

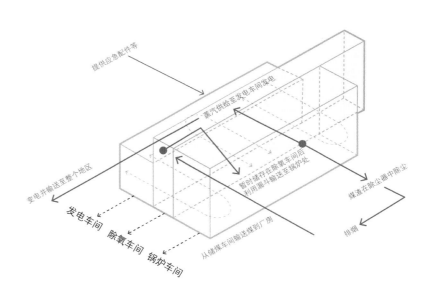

厂房主要分为三个区域，分别是靠近除尘器的锅炉车间、中央的除氧车间以及发电车间。锅炉车间主要使用煤烧水产生水蒸气，并将蒸气提供给发电车间，推动发电机的涡轮运转产生电能，发电车间将产生的电能运送至外部的变压站，变压后将电能送往蒲纺各地。

热电厂工艺图

2. 六米桥影剧院

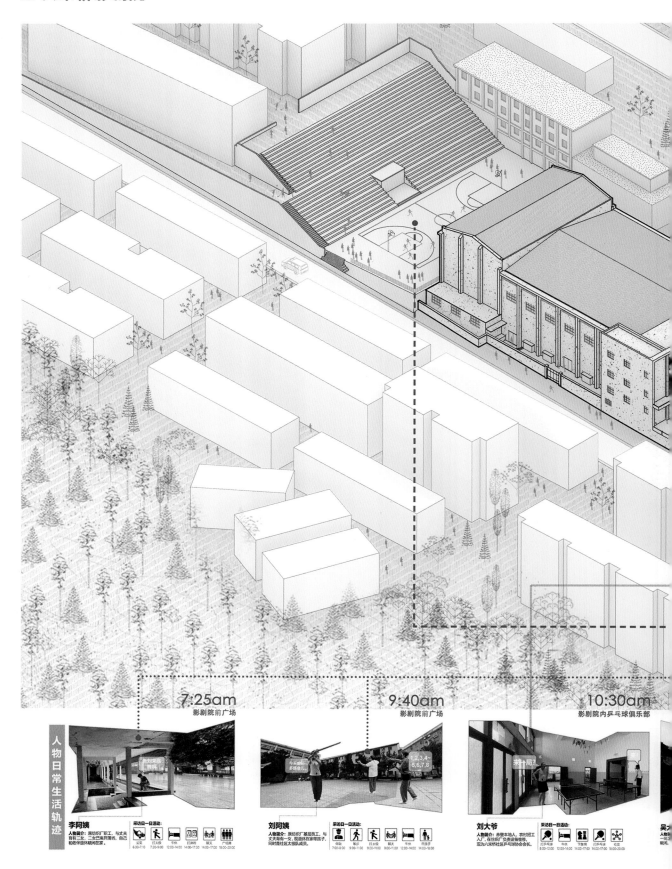

人物日常生活轨迹

7:25am
影剧院前广场

9:40am
影剧院前广场

10:30am
影剧院内乒乓球俱乐部

李阿姨
人物简介：原纺织厂基层员工，与丈夫育有一女，二女已离开蒲圻，自己和老伴目休赋闲在家。

采访日一日活动：
买菜 打太极 午休 打牌 跳舞 广场舞
6:30-7:10 12:00-9:00 14:00-17:00 18:00-20:00

刘阿姨
人物简介：原纺织厂基层员工，与丈夫育有一女，退居休在家带孩子，同时担任社区太极队成员。

采访日一日活动：
做饭 跳舞 打太极 跳广场 午休 市场子
7:00-8:00 9:00-11:00 12:00-16:00

刘大爷
人物简介：赤壁本地人，农村招工入厂，在纺织厂负责设备维修，现为八米桥社区乒乓球协会会长。

采访日一日活动：
打乒乓 午休 下象棋 打乒乓 社交
打乒乓 12:00 14:00-17:00 18:00-20:00

吴
人物简

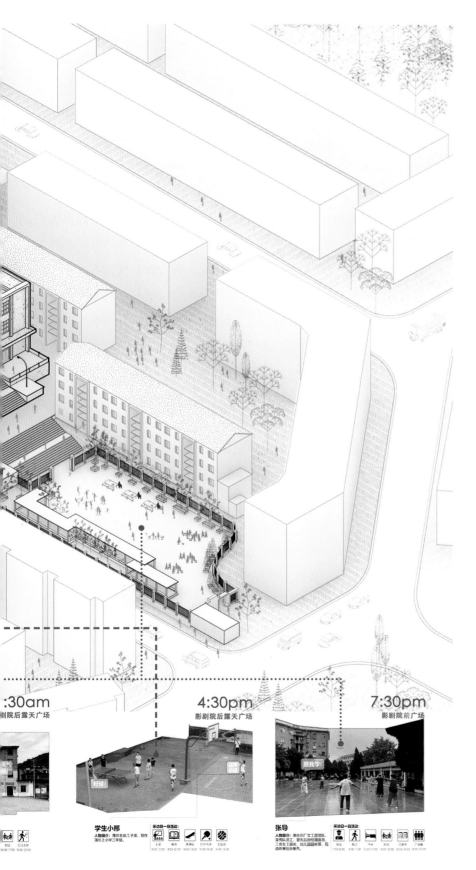

:30am
剧院后露天广场

4:30pm
影剧院后露天广场

7:30pm
影剧院前广场

学生小邢
人物简介：蒲圻老纺工子弟，现在
蒲圻上小学三年级。

采访日一日活动：

张导
人物简介：柔丝织厂文工团领队、
音楽队员工，曾头后担任播音员、
工会女工部长、幼儿园园长等，现
退休兼任办事处工。

采访日一日活动：

影剧院使用者日常轨迹图

蔡旻轩

建筑学 2018 级本科生

1）六米桥影剧院观察（节选）

蒲圻纺织厂原为三线建设时期的三线军工企业，主要负责生产军用棉纺物资，按照"靠山、近水、扎大营"的原则选址，六米桥影剧院亦是如此，选址位于山脚下，场地东西向高差约 5 米，建筑利用高差巧妙地抬高入口，设置地下一层的储藏室，地势较高处利用舞台后方的化妆室屋顶自然形成建筑后侧露天剧场的舞台，再利用高差处理露天剧场的观众席，以此方式利用场地高差。影剧院作为演绎建筑，内部空间较大，集体生活造成工人活动较集中，观影规模较大。六米桥影剧院利用钢桁架实现观演空间以及表演空间的大跨度，应观众疏散要求，观演空间在建筑两侧设计出口，形成院落；应表演需求，舞台部分设置多重幕布，在耳室部分设置舞台控制室等。内部装饰及构造做法具有鲜明的时代特色，内部装饰大量运用红、黄、蓝、绿等颜色，舞台部分色彩装饰最丰富，内部墙面利用模板做出竖向纹理，利用手工涂抹石膏的方式做出凹凸的墙面实现声环境的营造。外部墙面使用特定历史时期的弹涂工艺，纹理特殊且丰富。建筑装饰大量使用水磨石，瓷砖结合木质门窗框，窗户使用对开和翻转两种开启方式，灯具等也采用特定样式。通过几天的测绘，我认为三线建设时期的建筑特色、建筑选址、建筑组团模式具有鲜明的时代特色。通过几天的访谈，我们发现这与特殊历史时期的集体生活模式息息相关。

影剧院就是原来主要供针织厂工人使用的工人俱乐部，而在影剧院周围分布着员工宿舍、员工食堂、幼儿园等配套设施，形成独立的组团，组团内可以形成完整的集体生活圈。彼时的影剧院热闹非凡，工人们结束三班倒的工作后，回到宿舍，然后到食堂吃饭，再到影剧院参加丰富多彩的集体活动，周末工人们拿着电影票来到影剧院看电影，节日时各分厂的文艺队会在影剧院举行大型会演。夏天工人们会在露天剧场观看电影，年轻男女们在这里相遇相识，闲暇时人们会来到影剧院附近锻炼身体，聊天下棋。工人们的生活几乎是三点一线，工厂、宿舍、影剧院。在集体生活中，影剧院仿佛成了工厂的大客厅，而集体生活也成为他们记忆中最美好的一部分。

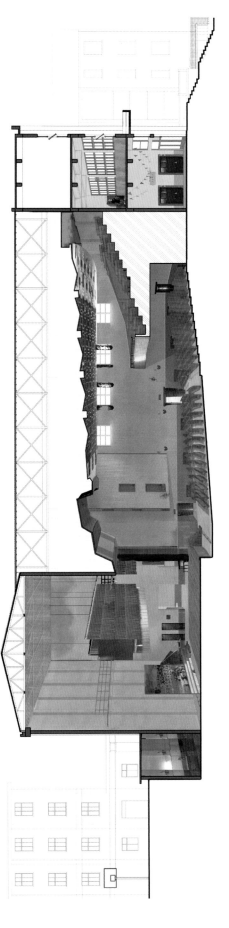

影剧院纵剖彩图

刘雪婷

建筑学 2018 级本科生

2）影剧院建筑形态及其测绘方法（节选）

将六米桥影剧院放置于周边生活区进行分析，通过图示表达其周边街区的空间形态，包括图底关系分析、街巷空间界面分析、街巷空间节点分析。

（1）图底关系分析。

以住宅、影剧院等建筑为"图"，街巷、闲置空地为"底"，通过两者的对比分析，可以发现六米桥生活区具有较好的图底关系，建筑整体排列整齐，分布均匀，局部因山体与地形走向作一定角度的旋转，整体上沿主要道路平行排列。公共开放空间基本上全部分布在建筑之间。从建筑的体量来看，生活区基本由体量接近的联排住宅构成，影剧院及其前后广场为区块内唯一的大型公共娱乐场所，且位于生活区的核心。

（2）街巷空间界面分析。

①底界面：六米桥生活区内主要道路基本呈直线型，各建筑区块可以被清晰划分，但建筑之间起连接作用的支路形式较为复杂，多存在弯折，且由于地形因素的影响，支路上多存在较陡的楼梯，极大地增加了道路界面的复杂程度。

②侧界面：由于生活区内绝大多数建筑为住宅，不同时期建造的住宅虽构造做法有所不同，但立面比例、特征都存在较多的相似之处。影剧院因功能的特殊性，其立面与周边存在明显差别，在建筑群中极具标志性。

（3）街巷空间节点分析。

从形态上来看，六米桥生活区的街巷空间是一种线性的空间，其间穿插一些以公共活动空间为主的空间节点，丰富了整个街区。六米桥生活区的公共空间生活节点主要分为两类：位于影剧院前后的广场空间及居民院落，以及街道之间的小型居民自发聚集点。

在现场绘制草图时，每一笔绘制体现的都是个人对于建筑的观察与理解，仔细思考就会发现，这其实是一个充满逻辑与思考的过程：通过总览观察确定建筑的整体形式与比例，再从建筑的平面出发，从主要结构墙体到小的隔墙，确定整体的空间关系；再将注意力放到建筑的门与窗，关注各洞口的位置与开口形状；再到建筑的细部，观察建筑的线脚是如何依附于墙体的，门窗洞口的凹凸与分隔是怎样的，楼梯是怎样与建筑交接的，以及建筑材料的种类，其应用的区域范围具体是怎样的；

影剧院北侧街道界面

当然也不能忘记标注被"隐藏"起来的建筑结构，通过墙体的突出定位出柱子，通过梁柱的搭接关系推测局部的结构，再抽丝剥茧一般还原出建筑的整体结构是怎样的。这真的是一个充满趣味性的过程。在草图不断细化的过程中，对于建筑的观察也更加敏锐与具体起来，甚至会惊讶地发现原来不起眼的地方居然藏着这么多的细节，以往被忽略的地方也存在着很大的学问。

在草图测绘现场的测量阶段同样收获满满。测量看似是简单的数据记录工作，但是却为我们常说的"尺度感"提供了很好的指正与提高。草图阶段凭借直觉与第一感知绘制的草图是个人对于尺度的直观感受，在测量阶段就是通过真实的数据来对其进行校正，其中我印象最深的"错误"带给了我最大的成长，即建筑如何通过氛围的营造来影响人对其的感知。对于影剧院中高大、空旷、明亮的观演区，我下意识地认定其尺度一定远远大于昏暗、小房间众多的表演区，结果却惊奇地发现其尺寸居然几乎相当，这让我对于尺度感及建筑的氛围有了更深的感受。

六米桥工人影剧院时间线

唐烨
建筑学 2018 级本科生

3）影剧院室内外空间调查（节选）

六米桥影剧院处处都表明了设计者对于山地地形的利用，从前广场到影剧院入口，需要登上四层台阶。广场内部高差并不明显，但广场外侧却是坡度较大的街道。前两层台阶是由广场到达建筑前平台，此时的地面连接着两边的街道，由此消除了从广场大门到建筑前平台的高差。后两层台阶则将售票大厅整体抬高了 2 米左右，一来增加了影剧院正立面的仪式感，二来为观众席的高差做准备。舞台的高度刚好与观众池的廊道平齐，此廊道连接着两个侧门和左右两个内院。舞台的后方是更衣室，而更衣室的屋顶则正好是露天剧场的舞台。露天剧场的座位设计则直接利用山地的坡度，连接到了后面的居民楼。

影剧院的正立面采用完全对称的布局，多种模数的分割和不同材质的贴面让简单的立面形式丰富了起来。正立面是材质种类最多的立面，整体采用白色的弹涂水泥砂浆，但随着雨水的冲刷，底部的台基部分变色严重。立面的四周用橙色的马赛克瓷砖做了厚度为 400 毫米左右的边框。黑白马赛克瓷砖贴面的雨棚把一层与二、三层分割开来。一层入口处的材质处理较多，首先采用桃红色的大理石作为柱子的贴面材料，同时柱头设计成倒四棱台的形状。柱子之间划分为下门上窗的形式，门上的过梁贴上红色的马赛克瓷砖。整个立面的门窗框都采用深红色的涂料，个别后面改建的推拉窗为白色窗框。

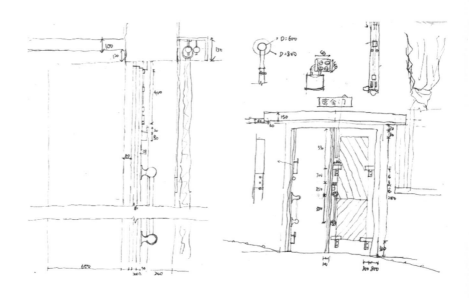

影剧院门窗细部手绘

观众池部分的侧门作为比较重要的出入口，构造设计做得很精巧。门框的上方挡条呈锯齿状，与门扇上方的锯齿形状刚好吻合，以此来保证其气密性。与现代的横把手不同，它采用竖向的门把手，并且上下由球状物固定。门的上下方都有插销，这也是那个时代惯用的手法。门芯板也采用折线的木纹进行装饰。

窗户的开扇形式有中悬窗和平开窗两种。楼梯间部分为双开和单开的平开窗，其他各个立面都为九扇双开的中悬窗。悬窗是现代建筑中运用较少的开窗形式，在影剧院的大空间内采用这种形式的开窗，一是为了获得更好的通风性能，中悬窗具有最大的开启面积，当与墙面呈 90 度的时候，其开启面积和窗户面积相等，所以能够很好地促进室内空气的循环流通，多用在大型的建筑内。反观现在的大型建筑，多采用全封闭的外表皮，利用人工通风系统换气，对比起来能耗当然更高。二是能够防雨，即便没有关上，也能够防止雨水进入室内。三是便于清洁，悬窗能够内开也能够外开，这样两面都比较好清洁。

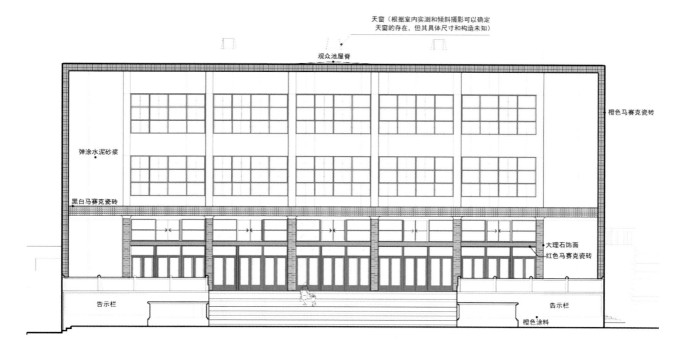

影剧院正立面

3. 集合住宅

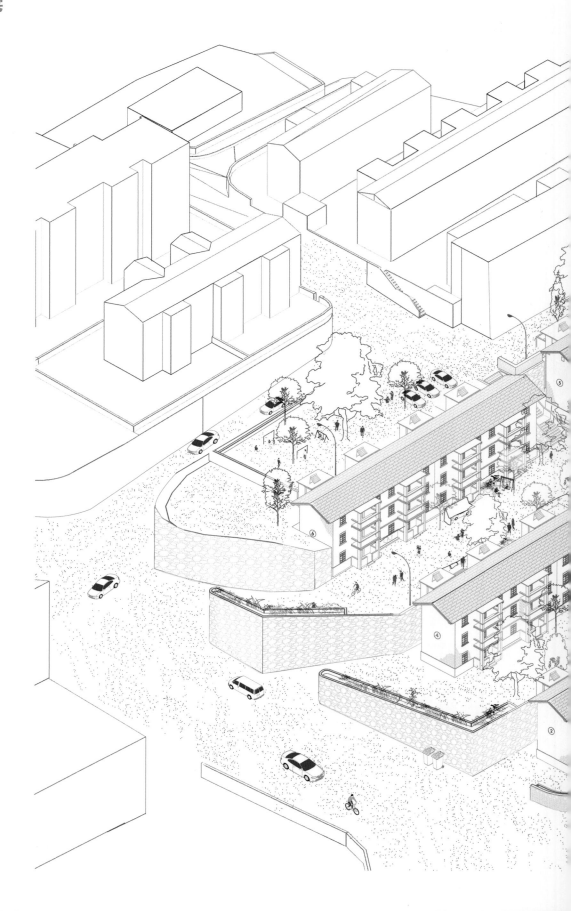

朝阳坪集合住宅轴侧图

闫辰霄
建筑学 2018 级本科生

1）朝阳坪集合住宅典型楼栋分析（节选）

典型住宅楼分析——以 3、4 号楼为例。

（1）建设历史。

3、4 号楼的建设经过了三个时期： 1978—1984 年的第一阶段，住宅楼维持初建时的原始形态；第二阶段是 1984 年后，由公家加建阳台和厨房；第三阶段由住户个人加建。

在原始形态中，每栋楼都是规矩的长方形体块，此时一层的入户由一内凹的灰空间进入，一层的入户空间之上为二层及三层的阳台空间。二层及三层的住户由北侧外露的楼梯进入。后期为响应大家的需求，公家在原本入户的区域两侧加建了外凸的阳台和厨房，增加了住户面积，也改变了户型格局，在此之后一层直接由阳台进入客厅入户。

加建后的住宅楼变成凹凸的新形体，使居民有了更多自己改建的空间。很多住户在北侧两个凸出的体块之间加建、扩建，增加自己的住户面积。常见改造为厨房、厕所和新卧室。

（2）户型特征（以公家加建后形态为准）。

① 1、4 号楼户型分布：4 号楼共 12 户住房，每户的户型基本一致，每层的排布为对称关系；所有户型均为 3 个开间，中部为客厅，东边或西边的一个房间为卧室，一个房间为厨房，北侧加建部分为小卧室。一层由于潮湿阴暗（北侧加建部分直接连接山体），加建部分常用作厨房而非卧室，原本的厨房则改为新卧室。因为二层入户平台的存在，新卧

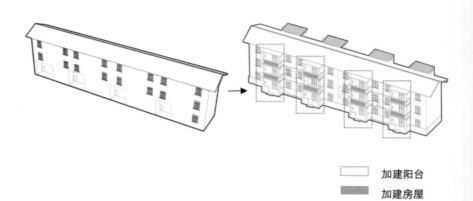

□ 加建阳台
▦ 加建房屋

朝阳坪住宅加建前后对比

该户型经房主自主改造和加建较多，在基于公家加建空间的基础上，使实用面积达到了更舒适的范围。现在只有两位老人居住于此，子女偶尔会回来使用小卧室。

由于中间层的空间限制等因素，该户型经房主自主改造和加建较少，但房主充分利用了入户空间并扩展出一间储物间；房主二人比较会享受生活，会经常种植花草和研究煮茶。

该户型原本入户空间在西房间阳台处，后经过公家加建改为客厅阳台入户，拆除原本的阳台。同时北侧由二层楼梯围合出的封闭空间也被作为储物间和交通空间使用。

朝阳坪住宅户型

室与新厨房之间的空间刚好改变为封闭空间，因此在和相邻住户协商平分后，此区域可作为联系两个房间的杂物间和交通空间。

②2、3号楼户型分布：与4号楼统一的户型模式不同，3号楼在相似的户型间有一定使用上的变化。一层4个户型中，东西两头的户型较大一些，并排有4个开间（与隔壁相接的一间分为了2个小房间），中部2个户型较小，只有3个开间，这两种户型之间的住户身份也有所差别，东西两头的住户级别相对更高一些，中间两户则为普通职工。而二层、三层则每个户型都基本一致，区别在于排列时是对称咬合关系，即有1个开间被分为2个房间，一家一个。

（3）结构构造分析。

3、4号楼的结构构造基本一致，也较为简明。地基是在原本的山石平台基础上开槽、铺设地圈梁和填充混凝土砂浆找平。地基铺设好后，在地圈梁上砌筑240砖墙，砌筑方式为一顺一丁，由于房屋层数不很高，所以每层间没有设圈梁。楼板使用空心混凝土预制板横向搭在两面纵墙之上，每块板搭接部分占二分之一墙宽，由混凝土砂浆填缝增加强度。三层屋顶没有楼板，只有吊顶。到三层时，顶部墙面建为山墙型，在山墙上可架檩条，檩条上结构依次为椽子、防水油毡、顺水条、挂瓦条和波形陶瓦。屋顶上部有瓦片包盖屋脊，屋顶四周有封檐板维护。据推测，三层吊顶的吊筋直接固定于檩条上。

两个加建部分的楼板由于结构稳定问题，没有使用预制板，而是在外墙相应位置加梁后，采用现浇混凝土的方式建造，使该部分与主体建筑的连接有较高的强度和稳定性。

刘俊飞
建筑学 2018 级本科生

2）住宅形态所反映的社会变化，以及建筑与地形的结合（节选）

蒲纺朝阳坪住宅区变化在一定程度上反映了社会变化。以加建与改造部分为例，在第一阶段，也就是刚刚建成的阶段，房屋与挡土墙、楼梯之间是预留了一部分空间的，这部分是公共空间，有花坛，能够体现一种很明显的集体生活的烙印。在第二阶段，也就是 20 世纪 70 年代末到 80 年代初集中加建时期，靠近挡土墙的部分被分割了，变为两到三家共同占有一片天井，这时有的住户会建成分割墙将天井部分分割，再自己改建，有的依旧维持原貌。此时已经可以隐约看到集体生活即将崩坏的影子。

与之同时发生的则是对于入口处的改建，二层及三层比较突出：作为集体住宅，二层及三层的入户为两家共用一个入户平台，且基本是半室外的，还比较宽阔。在改建过程中，二层及三层的住户会将自己的房间墙向外扩展一部分，将原先的入户部分挤占，扩大室内的空间，入户的公共区域宽度由原先的 2 米多压缩到现在的一人宽，部分住户还会对公共入户空间进行分割，将自己的部分与对门住户分隔开来，并在半室外平台砌筑外墙，将其变成一个完全的室内区域，由此扩大室内空间。

第三阶段的改建主要集中在建筑的背面，加建的部分形态各异，没有章法，主要以板房为主。完全是对于公共空间的侵占。之前预留的公共花坛部分也被靠近的住户用栅栏围合起来，改成了自己的私人部分。此阶段对应的是蒲纺已经进入生命末期，原先的集体生活原则已几近崩坏，个人意识正在从原先的集体意识中脱离出来，这样的加建及改建就是一个表现。这样的加建与改建反映的是社会总体的转型，由此带动个人意识的转向，是个人意识的增长以及集体意识的式微，是时代变化在建筑以及生活上的反应。

朝阳坪建筑与地形结合的有趣部分表现在不同层的居民入户方式上，主要分为三种类型：直入式、下入式、上入式。入户的方式都是基于地形要素与入口的相对位置安排的，充分实现了与地形相结合。最初在进行住宅区建设时，虽然条件简陋，但是在入户处理上还是很用心的，根据实际情况做出了变化，形成了比较丰富的入户形态。

（1）直入式：直入式主要集中在一层，因为一层往往直接接地。原始的一层户型基本都是直入式，上两阶台阶，直接从正面进入。部分改变了方向，将正面的入口改到了侧面，将阳台作为客厅的缓冲区，变为了侧入。三层的入户也有部分是直接式的，不过要经过一个平台（弥补挡土墙与入口之间的距离）。这样的方式多用在与地面高差不大的部分。

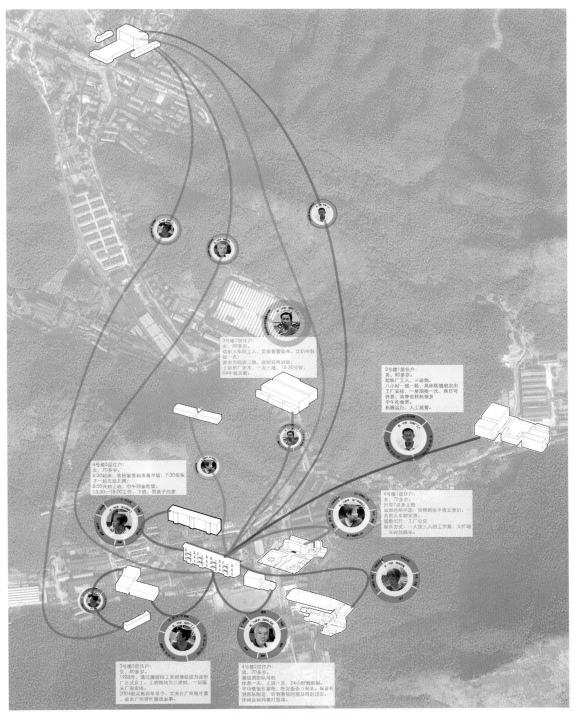

朝阳坪住户日常轨迹图

（2）下入式：二层的入户基本都是下入式，因为上级平台远远高于二层的入口。一般下十几级台阶进入公共入户平台，然后再进入各个房间。一般为半开放式，楼梯外露，平台有遮挡。部分家庭将入户楼梯进行分隔并包起来形成了自家独有的入户楼梯。

（3）上入式：主要集中在三层的入户上，因为三层的入户平台普遍高于基础平台，所以需要台阶才能进入。根据高差的不同会有不同的台阶数量，有的几乎接地，是直入式；有的略高，需要五六级台阶；有的高差很大，有十多级台阶。形态上与下入式一致，原始户型的入户平台都是半开放式的。

3）住户访谈与空间考现（节选）

吴昕瑶
建筑学 2018 级本科生

表 3-2 朝阳坪住宅居民访谈

访谈对象	基本信息	工作时期生活信息	现阶段生活信息	与建筑关系的问题
1 栋 101 户	男，50 岁左右，印染厂职工；出生地即在蒲纺，父母也为职工；家庭成员为父母、孩子、哥哥、姐姐	三班倒：8:00–16:00，16:00–24:00，24:00–8:00，八小时一班一轮，具体哪一班由工厂安排，一星期换一次，周日可休息。淡季会轻松很多；中午吃食堂；机器运行，人工监管	工作状态：自由工作，多在西安，与监狱有合作；家庭状态：父母一直在赤壁，哥哥、姐姐外出务工；孩子高中回赤壁读书	户型实用面积在 80 平方米左右，并列四个房间，有局部加建；平时父母和儿子长期居住于此，自己和兄弟姐妹偶尔回来暂住
3 栋 202 户	女，50 岁左右（1971 年），蒲纺子弟，纺织厂工人；家庭成员为父母、丈夫和孩子	纺织五车间职工，负责看管染布，比织布轻松一点；原四班三倒，改制后为两班倒（12 小时）；上班坐厂内班车，一天三趟，错过则无，路程 15~30 分钟；2004 年被买断	现在不上班，和丈夫居住在银阳小区；朝阳坪的住所为母亲常住，但因生病住院，现在暂时来看管房屋；平时常和邻居打麻将	①全家原先在向阳坡居住，在向阳坡小学上学；②四年级时，全家搬到朝阳坪 1 栋一楼；③因一楼太潮湿，搬到 3 栋二楼；④婚后和丈夫住在银阳小区；⑤现在朝阳坪暂住

续表

访谈对象	基本信息	工作时期生活信息	现阶段生活信息	与建筑关系的问题
1 栋 302 户	女，49 岁（1972 年），咸宁人；家庭成员为丈夫、儿子、常住咸宁的父母	1988 年，通过蒲纺招工来到蒲纺，成为丝织厂正式女工；上班期间为三班倒，一切服从厂房安排	2004 年，工龄被买断后至今，丈夫在广州做生意，会去广州帮忙整理家事；平时会在"客厅"做瑜伽，朋友偶尔来了会一起出去吃饭，邻里关系还是熟人关系，没有大变化，机关人生活素质较高；觉得现在的蒲纺生活水平较低，原先很好	1988—1995 年：丝织厂单身宿舍 4 人一间；1995—2004 年：住桃花坪总厂住宅，为婚后婚房，公婆住在东侧大房间，夫妻住西侧小房间；公婆去世后夫妻搬到大房间，小房间给儿子住。后来丈夫去外地工作，儿子上学，然后工作，一个人会住在这里或去咸宁等
4 栋 101 户	女，70 多岁，武汉人，总厂机关供销处职工，家庭成员有丈夫、女儿和孙子	日常 7 点多上班；加班时间不定，有时货物到了，要半夜去登记，一直到火车卸完货；通勤：专线公交；午饭：回家（做饭）；娱乐方式：一人顶三人的工作量，太忙碌，无时间娱乐	身体不好，心脏有疾病，有时要去武汉住院治疗几周，平时在家会在门口透透气，和同伴聊天，活动范围不大，和楼上的几户关系应该很熟络。在家里很怕热（生病原因），有时会很虚弱的样子，需要回卧室中休息很久	1980 年和丈夫一起外调至蒲纺，住进筒子楼；1981 年，因是独生子女家庭，被安排了一个更好的户型；半年后，工厂某领导为安置自己的家属，用自己的住房和他们交换，于是全家便搬到了现在的住房（4 栋一层），该户型级别为处级干部居住户型
4 栋 202 户	男，70 多岁，消防队司机，家庭成员为妻子和两个女儿	休息一天，上班一天，24 小时倒班制（值班）；早、中、晚饭在家吃，吃完饭会立刻去厂区，要保证就在消防队附近，在听到警笛时能及时赶过去；休闲时会经常约同事打篮球	5:00—6:00 在门口散步吃饭，在六米桥和桃花坪买菜；11:00—12:00 做午饭、家务，打牌；17:30 吃晚饭，散步半小时，看手机，看电视；22:30 睡觉	1981 年被调往蒲纺，作为蒲纺消防队的司机，此段时间，全家 5 人居住于 7 栋，有两间半房间，面积 20~30 平方米。1985 年，因住房空间太紧张（人也多），申请搬到了现在的住房
4 栋 301 户	女，69 岁，安徽人，纺织厂工人，家庭成员有丈夫和孩子	纺织厂五车间工作时期：三班倒，主要负责看管织布机；1 人看管 24 台机器，要跟着机器查看，非常累，噪音很大，耳朵留下后遗症，后因病转业；蒲纺厂属幼儿园工作时期：6:30 起床，收拾家务和准备早饭，7:30 带孩子一起去幼儿园，8:00 开始上班，中午回家吃饭，或有时值班，可在幼儿园吃饭，13:30—18:00 工作、下班，带孩子回家	无	1975—1982 年，居住于单身宿舍 101 房，8 人一间，无厨房，有公厕，日常在食堂吃饭。1982 年，女儿出生，被分配到母子楼居住，面积 15~16 平方米，阳台可做饭。1982—1984 年，小姑来帮忙带孩子，一起居住在母子楼。1984 年，丈夫转业到蒲纺公安局，有分房，全家搬到现在的朝阳坪住所，小姑离开

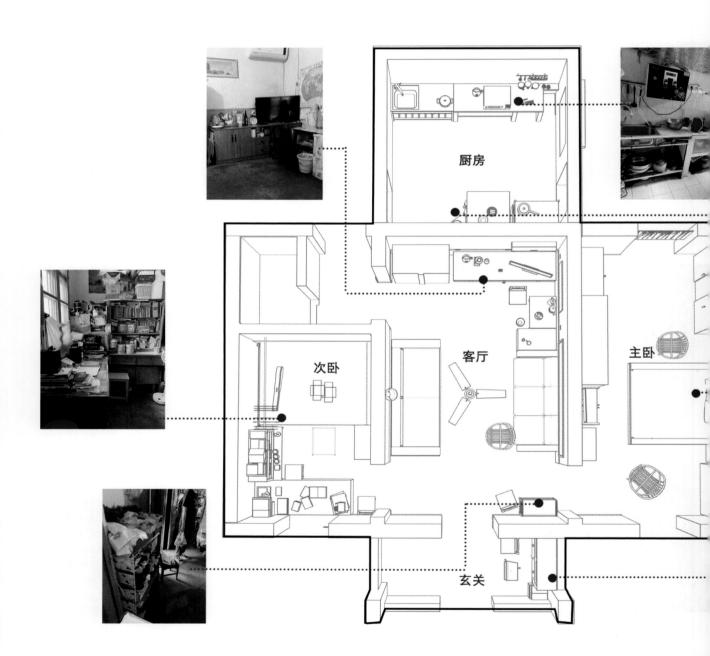

住宅室内家具布局

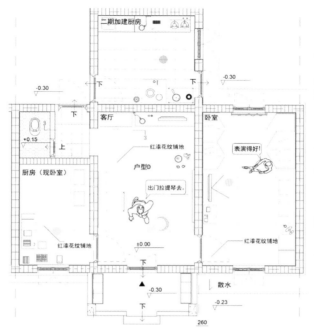

二期即公家加建时期，加建了房间，由于一层潮湿，用作厨房功能。

奶奶平时在卧室较多，一般卧床或是看电视。

爷爷平时喜欢出门参加文艺活动，在家时一般在客厅看电视。

次卧无人居住，堆放较多杂物。

住户甲日常生活图示

次卧（加建）
① 两个女儿和爷爷奶奶居住，三张床；
② 两个孩子外地上学工作后，爷爷奶奶独自使用小卧室；
③ 母亲去世后，小卧室给女儿回家备用，只有一张床，并有储物功能。
● 奶奶一般在客厅活动，泡茶喝，偶尔与邻居闲聊。
● 爷爷一般在客厅活动，看电视，偶尔出门散步。

住户乙日常生活图示

谭刚毅
教授

邓原
建筑学 2020 级硕士

高亦卓
建筑学 2018 级博士

（四）蒲圻纺织厂建成遗产的历史信息、遗产价值、活化策略相关研究

1. 三线建设的设计实践与教育培养——以三线建设厂矿基建处建筑师口述访谈为线索（节选）[1]

在缺乏官方历史档案的情况下，口述历史对于还原与理解半个世纪前的社会主义生产、生活方式至关重要，也呈现了自下而上的史学视角。对湖北省蒲圻纺织厂的现场调研及在地口述访谈进行梳理后发现，蒲圻纺织厂的厂矿设计工作主要由国营设计院及隶属于厂矿单位的基建处设计人员并行开展。国营设计院主要承担技术性较高的生产性建筑设计，而作为基层机构的地方基建处则主要负责生活性建筑及部分附属生产性建筑的设计与施工，组织管理与创作模式相对灵活机动。基建处建筑师作为长期扎根在三线建设第一线的设计人员和空间的使用者，对所驻厂矿单位的建成环境有更深的理解。

基于湖北省蒲圻纺织厂建成环境的调研基础，研究团队于 2021 年 11 月对 1967 届重庆建筑工程学院（后简称重建工，现重庆大学）毕业生、湖北省蒲圻纺织厂基建处设计人员邓长源先生开展口述历史访谈。邓长源在重建工受教育时期，正逢战备过渡期的转变临界点，在教学期间已通过设计课程初涉三线建设。1970 年分配至蒲圻纺织厂基建处后，在三线地方工作二十余年。针对这些三线建设重要的地方设计力量，对三线建设基建处组织模式下的建筑师实践开展口述历史的调研与研究，将进一步明晰基建处及基建处建筑师的概况和主要作用，更完整地绘制三线建设的设计组织架构。通过对这类单位基建处的建筑师开展口述访谈与研究，将三线的经历纳入其个人生命历程中理解，可还原当时社会环境中的事件过程，记录更多"三线人"在特殊时代下的日常生活与生命轨迹，从而提供丰富生动的三线建设历史细节和理解集体记忆传承的解释基础。

---

1 谭刚毅, 邓原, 高亦卓. 三线建设的设计实践与教育培养——以三线建设厂矿基建处建筑师口述访谈为线索 [J]. 新建筑 ,2022(02):36-40.

1）初到中国人民解放军二三四八工程指挥部第二筹建处参加建设

1965 年，中共中央批准建设岳阳炼油厂及相关的化工厂，在鄂南、湘北的幕阜山脉处，国家石油部、化工部分别开始了长岭炼油厂和中南化工厂的建设项目。1969 年珍宝岛战役之后，中央军委和国务院决定修建纺织基地。幕阜山脉蒲圻地区的"六八一"高峰和陆水湖的天然宝地正好契合三线建设隐蔽于大山中的多项建设要求。原总后勤部于 1969 年 11 月接管了包括中南化工厂在内的三个工厂选址地，原本正在开展中南化工厂筹建的蒲圻县中南化工厂筹建组被中国人民解放军二三四八工程指挥部征用，位于蒲圻县的中国人民解放军二三四八工程指挥部第二筹建处（后简称二三四八工程二处）就此成立，建设蒲圻纺织厂（后简称蒲纺）。

通过访谈了解到，蒲纺建厂初期参与厂矿单位设计的机构主要有两类：一类是国营设计院，包括上海华东设计院、上海纺织设计院、北京纺织设计院等，主要从事生产类建筑的设计，短期或远程参与整体设计；另一类是蒲纺基建处，主要从事非生产性建筑的设计与建造。基建处作为我国国民建设中重要的基层机构，在三线建设时期长期驻地负责厂区建设的相关设计和部分施工工作。邓长源于 1970 年加入新成立的蒲纺基建处，主要参与规划、施工和民用建筑设计的相关工作。

建厂初期，二三四八工程二处接收了农场分配来的 200 多名大学生。邓长源作为重建工 1967 届的毕业生，先随学校分配下放到苏北的农场锻炼，后于 1970 年分配至此。与邓长源一同陆续分配到二三四八工程总指挥部的大学生共有 486 名，其中有 170 名再分配至二三四八工程二处。据邓长源回忆，这些人中，除重建工毕业生外，还有毕业于天津大学、南京工学院（现东南大学）、重庆交通学院（现重庆交通大学）、哈尔滨建筑工程学院（现哈尔滨工业大学）、上海纺织工业专科学校（现东华大学）等学校的大学生，以及部分总后营房部设计院的设计人员及重庆军事工程学院的军人。加上早期中南化工厂分配留下的 30 名大学生，1970 年二三四八工程二处共收 1966—1970 届毕业生 200 名。

2）加入基建处参与建设工作

初期，二三四八工程二处共有三个职能部门：政工组、基建组和生产组。邓长源来蒲纺后先加入厂内的基建组（后发展为基建处），他最早参与的设计工作是与重庆军事工程学院的罗桥旺一同设计生活区总图。因山区地势复杂，设计主要顺应山坡地势尽可能多地布置住宅，一定程度放弃了对朝向的考量。

"总图规划首先要有个地形图，要测量地形就要根据那个地形现场放线。因为那个时候总图基本上依山就势，规划住宅的时候就像豆腐干一样，顺着这块山坡能摆几个房子，尽量地摆。那个小社会要住 3 万人，所以房子都是标准化的外廊式的，大家都是按那个标准做。"（邓长源口述）

（1）"边设计、边施工、边建设"。

当时的三线建设采用"三边"做法，即"边设计、边施工、边建设"，试图在具有挑战性的条件下完成紧急战略任务。基建处设计师们需要权衡多个问题，在整体设计尚未全部完成的情况下须同步准备施工的相关工作。除要参加设计的相关工作，也要现场管理组织施工。建设初期，主要厂房的建设任务大多由中建三局六公司来承担。后期的民用建筑由咸宁地区的各个县抽调的工程队支援建设，还有来自福建、浙江的农民工程队。施工的调配和设计工作的开展，主要由基建处工程技术人员调配。邓长源和同事各自在分厂建厂初期都会面临跨专业的问题，边学习、边工作。建厂初期"三通一平"时，山上放炮炸石头等充满危险的时候，基建处设计师也要亲自在场。在建设现场，还要教授民工混凝土试样、钢筋试拉等技术，亲自解决所有设计和施工中出现的问题。

（2）灵活机动的在地设计。

整个厂区建设的日臻完善离不开基建处工程师夜以继日的劳作。作为建设一线的在地设计机构的设计人员，处理现场问题是他们的工作任务之一。在结构设计的过程中，会参考省标准图集，根据国家的规定节省劳动力。作为建设过程的转译者，基建处的设计师们也须灵活地解决各项矛盾，在开展设计工作的过程中注重考虑经济性，还要有创新设计的能力。

邓长源举例，当时纺纱的工艺需求要求生产车间达到恒温、恒湿的条件。为满足节能及降低成本需求，基建处设计师在桃花坪北侧朝阳坪附近山体开设洞口，并架设水泵将山体内的地下泉水与工厂制冷设备相接。夏天天气炎热时，将水底的冷气抽到车间里面，以节省一部分制冷开销。在设计印花楼时，场地地况复杂，淤泥、石头、土混杂，为确保安全，邓长源采取木桩打桩的方式将原来悬挑地梁的结构改为简支地梁。污水处理池原本是由设计院设计的标准圆形水池，他现场改成了拱形，不仅节省了水池和泵房连接部分铺设钢筋的预算，还缩短了施工工期，受到了厂里领导的肯定与奖励。

整个基建处由建筑师、结构师、水电工程师以及专门负责环保设计的工程师组成，规模最大时有二十多人，工作安排相对灵活，"哪里需要去哪里"。在纺织厂印染车间扩建初期，整个基建处总共就十几个人，由于人员短缺，邓长源白天在现场组织施工的相关工作，晚上还要参与电影剧院设计工作。

陈欣
建筑学 2020 级硕士

黄之涵
建筑学 2020 级硕士

马佳琪
建筑学 2020 级硕士

2. 多视角口述历史下三线建设工业遗产基本价值梳理——以蒲圻纺织总厂为例（节选）[1]

经过与多名蒲纺建设亲历者的对话，从建设背景与建厂过程、技术应用与工艺流程、建筑空间与标准设计、生态应用与经济节约以及记忆空间与情感认知五个方面解读不同人物口述内容的内涵，作为口述历史下价值梳理的合理依据。

代表群体	社会身份	姓名	基本信息	
决策者	生产组	戴琰章	出生时间	1935 年 12 月
			籍贯	江苏南京
			教育经历	1957 年于华东第二建筑工程学校（现扬州大学建筑科学与工程学院）给排水专业毕业
			工作经历	1967 年分配到蒲圻筹建中南化工厂；1968 年 11 月担任二三四八工程二处生产组技术工程师；曾担任针织二厂党委书记与厂长；1979 年任湖北纺织工业技工学校蒲圻分校校长；后任蒲纺子弟学校党支部书记；1982 年担任机械厂党委副书记；1985 年调至纺织二厂（原针织二厂）
设计者	设计师	翁新俤	出生时间	1945 年
			籍贯	福建
			教育经历	1968 年毕业于东南大学工民建专业
			工作经历	1970 年到蒲圻总厂基建处设计部；1972 年调至 105 机械厂担任基建科长；1980 年调回蒲纺二三四八总厂设计院担任设计师；主持设计蒲纺热电厂扩建项目以及住宅、食堂、礼堂、托儿所等多种建筑类型设计建造

1 陈欣 , 黄之涵 , 马佳琪 . 多视角口述历史下三线建设工业遗产基本价值梳理——以蒲圻纺织总厂为例 [M]// 谭刚毅 , 贾艳飞 , 董哲 . 集体记忆与新精神：中国建筑口述史文库 5. 上海：上海文化出版社，2022.

代表群体	社会身份	姓名	基本信息	
使用者	纺织工	金桂芬	出生时间	1956 年
			籍贯	江苏
			教育经历	初中毕业
			工作经历	1970 年随父母从郑州国棉三厂迁至蒲纺总厂；初中毕业后在纺织厂从事检验工作；2006 年退休

（1）背景回忆与建厂过程。

据决策者戴琰章先生回忆，蒲圻纺织厂现址原为中南化工厂筹备处。1967 年随首批人马至此，下达征地搬迁命令并完成对基地的"三通一平"任务。由于基地条件得天独厚，靠山近水且隐蔽，总后勤部与化工部交涉并征用原中南化工厂基地，于 1969 年 10 月 7 日成立二三四八工程二处，成为纺织面料生产的重要基地（二三四八共设三大生产基地：3101 长岭炼油厂、3102–3109 岳阳化工厂、3110 蒲圻纺织厂）。蒲圻纺织厂先后建设不同分厂并有各自代号：涤纶纺织厂 (3552)、腈纶丝织厂 (3553)、腈纶针织厂 (3554)、3616 机械厂 (3616)。

1969 年蒲纺招揽大批工人参与建厂，厂内实行部队管理模式，统筹集体建设活动。同年末建热电厂，作为动力站满足总厂水、热、电供应链需求，1979 年部分扩建，并分别设计热厂与电厂。据建设者翁新俤先生回忆，扩建后热电厂涵盖 4 个车间、5 台锅炉、3 台汽轮发电机组以及厂区门口冷却塔，建有铁路专线配合热电厂的煤炭原料运输，规模极大。

纺织行业专业性极强，生产设备的性能直接影响产品质量，需要决策者掌握专业技术与工艺流程、使用者对操作流准确熟练，更要求设计者在厂房及相关配套设施设计中做到工艺先行、二者并举。蒲纺在建厂与生产过程中，真实地体现并还原了此产业在技术与工艺的多方协同。

（2）技术应用与工艺流程。

蒲纺建厂初期要求使用最新研究成果与技术最先进的国内生产设备，成立专门生产小组并前往上海轻纺工业中心学习。"当时我们的主要任务有三项：配合设备选型、配合设计院设计厂房和工艺、联系同行业厂家测试新设备工艺"，决策者戴琰章先生回忆："经过不断研发与测试产品参数，我们共同研制出可以生产混纺的 A186 梳棉机。"A186 梳棉机的研发与投入使用为蒲纺生产三元混纺布（代号 503317) 提供了最佳的生产性能与条件，其他分厂机器设备的研发改进也都是在全国各机械厂的协助下完成的。

生产小组不仅需要确定各厂设备选型，同时熟悉不同工艺流程的操作顺序，编制成指导手册，返厂后培训厂内工人集体学习。根据纺织厂第一代女工金桂芬女士回忆，不同工序分别由单独车间操作完成，纺织厂共有 8 个车间，分别承担前纺、粗纱、细纱、准备 (捻线、梳理、团线、整经)、织布、修布、整理、机修等功能。各车间工作相对独立但需相互配合，最终完成的成品运至各分厂或通过蒲圻火车站运到其他地方印染军布。

我们在与设计者也是建设者的翁新俤先生访谈中进一步了解到工艺与技术配合的重要性以及工艺先行的设计理念。除纺织专业设备具有特殊性，热电厂同样需要工艺设计人员给定具体设备数据后才能进行厂房设计，进一步确定厂房不同区域占地面积与空间高度。如热电厂二、三、四层储存设备罐，此处楼板加厚以增强其荷载能力，内部空间隔断墙根据设备大小以及空间使用需求确定。此外，标准化预制构件模数与尺寸也需要专门制作，热电厂柱间距为 6.5 米是配合设备型号经过计算后的最合适跨度。

（3） 建筑空间与标准设计。

工艺先行原则贯穿结构到平面设计的全过程，在纺织类、化工类厂设计中尤为重要。在蒲纺设计中，厂房结构与空间设计需要做到与设备、纺织工艺设计的协调统筹，纺织专业根据设备型号向水、电、气等专业提条件，若设备型号不同，便直接影响管道走线、工厂占地面积以及建筑结构柱跨。因此建筑设计后行，在满足各种温度、湿度要求控制且包含所有设备管线工艺基础之上完成最后的设计。

设计与工艺协同进行时，两方需求不同，目标一致但考虑角度不同，会在设计过程中产生矛盾。建筑方优先考虑资金，工艺方优先考虑效率，经过协商后达成多方共识的改善建筑空间的设计方案。纺织厂为封闭式，灰尘对工人伤害较大，内部采用通风较强的空调系统。后来丝织厂采用锯齿形天窗，既有阳光照射，同时带来空气对流，设计中的人本主义精神体现更多。

标准化设计除与工艺设计联系紧密，标准设计图集的参考与实地参观也是辅助设计的重要部分。据翁新俤先生回忆，热电厂建设参考的原型与技术图纸是湖南怀化热电厂以及类似的厂房图纸集，工艺设计也有相应的标准化图集供工艺设计人员参考。在与第一代纺织女工金桂芬女士访谈中同样了解到，生产前需要参观其他厂的运行模式，厂房高度、通风情况、内部温度及湿度都需要达到一定要求才能够保证机器的正常运转与产品质量的达标率。

（4）生态应用与经济节约。

三线建设项目多为重工业，资源、能源消耗量巨大，蒲纺以纺织为生产主线，但热电厂为全厂正常运转供能，配备一系列大功率运作机器，能源耗费巨大，能源的节约也因此成为待解决的问题。而蒲纺在利用自然生态节约能源方面做出了示范性表率，是蒲纺集体智慧的体现。

"热电厂冷却塔（别称 101 冷却塔）放置在厂区外是有特殊原因的——冷却塔与纺织工艺相关，能够帮助车间保持恒定温湿度"，建设者翁新俤先生在访谈中提到。建厂经费有限，无法同时满足所有车间安装大功率空调。基建处人员经试验发现泉门口山洞、山后山洞以及朝阳坪山洞相互联通，内部环境稳定，具备成为天然冷却管道的条件。因此经过工艺设计与施工方案的确定，架设管道于此，形成自然与工厂之间的冷却循环系统，有效解决工厂夏天大规模降温的问题。将生态与技术结合一体进行统筹设计，对当时和今天同样具有重大的社会经济意义，帮助工厂节约的成本难以估量。

（5）记忆空间与情感认知。

不同身份的亲历者对蒲纺的记忆空间有一定的区域性，其情感认知与认同度也有不同。访谈重点面向决策者与使用者两类群体，决策者戴琰章先生最强烈的情感记忆概括为两句话："我们'白干了'，但是我们没有'白干'。"蒲纺在社会主义大协作过程中建成，在社会各界力量帮助下建立起来，作为一所社会大学校，为社会培养了各路高素质人才，这是所有蒲纺人的自豪所在，也是三线建设时期的"风向标"。虽然蒲纺的衰退让亲历者倍感惋惜，但蒲纺一度跃身全国五百强的自豪感与成就感永远与蒲纺人共存。

在蒲纺第一代女工的回忆中，生产车间是记忆中最深刻的存在。作为一名"单位人"，辛苦与自豪并存的复杂情感与车间息息相关，而集体生活中的集体活动与六米桥影剧院形成了不可分割的联系。蒲纺人也是"单位人"，在"单位社会"下的生产与生活给予了他们极为深刻的情感记忆。

测绘实践队同蒲纺老员工在总厂办公楼前合影
（二排左起第二位与第五位分别是访谈对象戴琰章先生与翁新俤先生）

王欣怡
建筑学 2020 级硕士

3. 蒲纺三线建设工业遗产现状解析与再利用探究——以蒲纺热电厂为例（节选）[1]

目前，不少地方对于三线工业遗产的保护和研究意识较弱，既缺少对旧址原貌进行维护，更无法挖掘其中蕴含的非物质文化价值。一些三线工业遗存被用作其他企业的生产场所，有些被当地居民用于居住，有些被用于饲养牲畜。因此，探讨三线工业遗存的出路，发挥其当代价值是一个值得研究的课题。目前也有一些三线工业保护和再利用比较成功的案例，例如，重庆天兴仪表厂转型为博物馆和主题文化酒店，青海省九院转型为生态农业和高附加值农业基地，四川达州 062 基地珠江机械厂旧址转型为职业技术学校，这三处工业遗址均转型成功，再利用率高且有当地特色。本小节以蒲纺热电厂为例，探讨其改造为三线工业遗产纪念园的再利用方向和策略。

（1）改造为纪念园区的现实需求。

2004 年，蒲圻纺织厂由湖北省下放到赤壁市实行属地管理，蒲纺当地有关部门对蒲纺工业遗址进行改造，最终确立了"经济繁荣区"与"文化发育区"的两大功能板块。2009 年 1 月，时任湖北省省长李鸿忠带领有关部门前往蒲纺考察调研，并提出把蒲纺工业园升级为省级开发区。2009 年 5 月，省政府批准蒲纺为省级工业园区，同时确定蒲纺为湖北省重点扶植的纺织服装产业集群。经过近几年的发展，园区内现有企业 45 家，其中规模以上企业 20 家，包括香港大诚集团、台湾大利集团公司、浙江盛宇集团公司等企业先后落户蒲纺创业，初步形成了一个以轻纺为主体，各种产业聚集配套、协调发展的格局，蒲纺的"经济繁荣区"已经逐步完成，但是"文化发育区"还有待进一步开发。蒲纺总厂是三线建设时期国防工业遗产历史文化的见证，是中国特殊历史时期工业记忆的载体。蒲纺热电厂作为蒲纺三线建设的一部分，当地相关建筑和历史资料保存完好，有着极高的历史文化价值。蒲纺"文化发育区"的功能板块需要更多历史文化遗产元素的支撑，以便完成产业闭环以及吸引外界的流量，展示三线建设历史文化，对蒲纺热电厂进行纪念园改造能满足这一现实需求。

---

1 王欣怡，谭刚毅. 蒲纺三线建设工业遗产现状解析与再利用探究——以蒲纺热电厂为例 [J]. 华中建筑 ,2022,40(02):172–176.

（2）改造为纪念园区的可能性。

①从地理位置看，隶属于原总后勤部的蒲纺热电厂是三线建设时期为备战需要而存在的工业类型，且遗存整体性强、完整性高。地理位置优越，东毗邻赤壁市经济开发区，南靠国家级风景名胜区——陆水湖，北距武汉市 132 千米，南距岳阳市 90 千米，改造成为三线建设工业纪念园具有重要意义并可以带来示范效应。

②从整体布局看，作为蒲纺三线工业代表建筑的蒲纺热电厂，保存了三线时期时代特色的同时，也具备独特的设计亮点，其在过去作为工业园区的心脏，不仅满足了蒲纺生活、生产的供电、供暖，还作为园区"绿色环保"代表，享有"花园工厂"这一殊荣。蒲纺热电厂厂区在建造之初所具备的布局和设计理念，使其在当地具有极高的独特性和纪念意义，这也增加了其改造为纪念园区的可行性。

③从改造成本看，蒲纺热电厂建于山腰处，其既有的作为火力发电厂特有的功能设计，导致其被改造为其他厂房的成本较高。由于国家政策不支持小规模发电厂的继续启用，使蒲纺热电厂难以作为厂房被改造和再利用。同时，蒲纺热电厂建筑虽出现部分结构上的腐蚀损毁，但是整体结构和建筑布局依旧保存完好，改造难度较低，相比其他旧厂遗址，能比较完整地重现整个三线工业面貌，改造重建成本低，效果好，对于正处于经济恢复期的蒲纺来说是一种合适的选择。

④从当地政策方面看，赤壁和蒲纺当下的发展也支持其采取生产和旅游两条路线相结合的改造方式。2012 年 6 月 15 日，赤壁市"四大家"主要领导及 17 家市直部门负责人齐聚蒲纺，召开了"支持蒲纺新城建设现场办公会"，决定把蒲纺新城建设纳入全市"三城三区"（赤壁古城、生态新城和蒲纺新城）城市和旅游产业规划布局，按照"解放思想、砥砺前行，二次创业、建设新城"的总要求，搞好蒲纺新城建设，重振蒲纺雄风。蒲纺热电厂改造为三线建设纪念园区正好满足政策上的大方向和需求，更容易得到当地政府的支持和宣传。

⑤从群众支持这一方面看，蒲纺当地居民多为原蒲纺职工，是响应国家号召前往山区奉献一辈子的人，原本就对蒲纺有难以割舍的情怀，随着蒲纺的破产、被收购和改制，这些前职工也对纪念蒲纺有着情感上的需求，同时剩余的待业人员也需要借助新的产业植入重回岗位，蒲纺热电厂改造为纪念园区可以得到当地群众的支持，从而更容易执行。

（3）改造再利用的原则。

①突出文化特色，延续历史记忆。三线建设工业遗产作为特定时期的社会产物，其重要意义不言而喻。因此，在规划更新的过程中，要把工业遗产和历史文化发展衔接起来，要注重三线建设工业文化的突显，将其融入纪念园区内，避免原有文化与新生改造之间的断裂，延续三线精神，传递时代魅力。

②兼顾工业遗产保护与活化。单一保护工业遗产不是一种长久的发展方向，要将遗产保护和再利用有机结合起来。蒲纺作为三线建设工程的工业遗产，有价值的文化遗留

不仅仅在厂区建筑的遗址之中，也保存于三线建设时期蒲纺当地人的生产生活痕迹之中。改造项目要将建筑保护改造和发展特色旅游、社会教育相结合，保护及活化手段也要多样化，才能更好地发展蒲纺的文化产业，不再重陷蒲纺厂区历史的泥潭。

③改善形象，优化环境。作为纪念园区改造项目，其功能的完善与环境的优化对展示三线建设军工文化特色至关重要，故对纪念园区道路、建筑、景观环境进行更新设计，将过往生产印记、独特记忆等进行空间串联，提升工业园活力，增加园区魅力，使其"看得见山，望得见水，留得住记忆"，提高现有纪念园区环境，促进园区功能完善。

（4）设计上的改造再利用策略。

关于蒲纺热电厂留存建筑转型为三线工业遗存纪念园区的改造，在设计上的改造策略可以汇总为以下几点。

①从内部总体布局看，蒲纺热电厂在设计之初就响应国家号召的"绿色环保"口号，厂区整体注重保留绿化和景观，建筑分布较散，留存建筑功能和形式丰富多样，可以考虑保留这些特征并加以再利用，在不破坏厂区原有特征的情况下进行纪念园区功能流线的设计。

②从建筑本体看，蒲纺热电厂厂区除厂房以外的建筑采用钢筋混凝土结构，安全性较高，保留年份较久，不需要进行重大改造即可再次投入利用，而厂房的大跨空间虽曾满足了生产功能，但不契合新的功能需求，需要进一步进行内部设计和改造。

③从地理环境看，蒲纺热电厂地处蒲圻纺织厂正对面，101居民区南边，很容易和周边的区域产生流线功能的交流，设计师可以在新的功能设计中考虑与周边功能的交错衔接，为周边居民提供新的生活景象。

④从交通流线上看，蒲纺热电厂在地理位置上与老厂历史博物馆接近，打造为纪念园区可以进一步完善前往蒲纺热电厂游客的参观流线，流线分为两套系统：一套以车行系统为主，是沿外围半山腰盘山而上的车行公路；一套以人行系统为主，拾级而上的台阶，流线顺畅且便捷，且有满足无障碍系统建设的可能性。

⑤从纪念园的整体景观看，蒲纺热电厂依山傍水，视线开阔，山上植被茂密，种类繁多，可通过改造，实现山、水、厂区相映成趣的建设效果。

（一）任务书

1. 设计主题

亦城亦乡 历建新生——湖北蒲圻三线建设建成遗产保护与活化设计。

2. 教学目标

（1）了解建成遗产保护的基本工作方法，实现以价值为中心、以技术分析（劣化分析）为支撑的保护修缮，以功能匹配为原则的遗产活化利用。

（2）学习历史环境解读的建筑转译设计，实现以研究为基础，以遗产取证为基本方法，满足内在特征、外部需求的遗产存续与增益的创新设计。

3. 场地选择

场地为湖北省蒲圻纺织总厂，位处湘鄂交界处的鄂南重镇——赤壁市（原名蒲圻县）。该厂前身系中国人民解放军二三四八工程二处，是 1969 年由原总后勤部投资兴建的"三线军工企业"之一。

在贯穿三个五年计划的 1964—1980 年，在我国中西部地区的 13 个省、自治区进行了一场以战备为指导思想的大规模国防、科技、工业和交通基本设施建设，史称三线建设，它是中国经济史上一场规模空前的生产力布局，在中国城乡留下了大量的以工业遗产为主体的各类建成遗产和记忆遗产。湖北省是当年三线建设国家经济投入第二多的省份，湖北省蒲圻纺织总厂也是湖北省三线建设保存最为完整、保存状况最好的典型案例之一。其中热电厂遗址、专用铁路遗址、空调冷却水塔遗址等被列为工业和信息化部第四批国家工业遗产认定名单。

4. 教学组织和方法

工作分社会调研、城市设计、建筑设计三阶段。在社会调研和城市设计阶段，学生 2~4 人一组，建筑设计阶段由学生单独完成。

（1）社会调研阶段：可采用口述访谈方法，引导学生将口述所得的元素融入后期的城市与建筑设计和遗产价值分析。

（2）城市设计阶段：按所选四个地块进行研究和设计，完成该片区基本的城市更新总体布局、业态等前期策划，为具体的建筑设计提供上位指导。

（3）建筑设计阶段：在城市设计基础上的建筑设计。每位学生拟定详细的任务书，在城市设计的地块内自选基地。不限定建筑功能和体量，完成设计构思说明、经济技术指标、分析图、总图、平立剖、透视和节点等设计成果表达。

5. 设计要求

（1）社会调研阶段。

工作内容包括以下几点。

① 前期调研：历史、上位规划、道路关系、用地现状、设施分布等。

② 现场考察：以 mapping（图解）的方式感知场地，以实景照片及手绘简图等方式进行空间注记。

③ 口述访谈：历史事件、人物故事、非物质形态的遗产价值。

④ 公共空间：对主要公共空间，尤其是遗产地的主体建筑周边的公共空间的分类、空间尺度、功能、级别等属性进行初步研究。

成果要求：完成一张 A1 展板，表达主要的调研内容和相关成果。

（2）城市设计阶段。

选取一个基地，就基地所在城市设计片区进行更为深入的城市研究，并完成该片区的城市设计基本内容。

主要包括对文化遗产或历史建筑所处的城市环境空间节点、活动场景、空间要素、人物、事件、活动轨迹等与人的活动的关联性进行图解分析，完成"城市的剧本"构想。聚焦场地现状问题，寻找相应对标案例，确定城市设计目标和策略，结合城市发展和现存业态，为历史建筑和遗产保护活化设计提出策划方案。

成果要求：完成 A3 文本和一张 A1 展板，图纸内容包括但不限于以下几种。

① 现状调研与分析图解。

② 城市设计目标、策略与设计概念生成过程。

③ 城市设计总平面图。

④ 功能策划与分区、城市空间结构与形态、公共空间系统、绿地系统及景观视线分析。

⑤ 车行、步行交通系统，道路断面设计。

⑥ 包括遗产主题和重点历史建筑在内的重点地段、城市节点的详细设计（2个），包括平面图、立面图、剖面图、轴测图。

⑦人视点局部透视图，剖透视图或剖轴测图。

（3）建筑设计阶段。

对每一个地块进行总体布局规划和建筑单体设计。基于前述研究和策划，进行单体设计，明确功能和空间体量，并进行相应较深入的设计。保护和改扩建要求对原场地内主要历史建筑进行价值判断，综合考量城市地域、人文、气候、行为需求等因素，打造与社区生活相融合的老年综合福祉服务中心。

成果要求：完成 A3 文本和一张 A1 展板，图纸内容包括但不限于以下几种。

① 规划设计总平面图（1 ∶ 1000 或比例自定）。

② 相关规划结构与分析图（1 ∶ 1000）。

③ 技术经济指标。

④ 建筑单体各层平面图（1 ∶ 200）、剖面图（1 ∶ 200）、立面图（1 ∶ 200）。

⑤ 主要空间表现图。

⑥ 基本分析图。

⑦ 部分室内环境精细化设计或构造节点设计。

⑧ 场地模型、建筑模型、节点构造模型若干。

任务书地块

水思源
建筑学 2017 级本科生

李卓
建筑学 2017 级本科生

沈瀚哲
建筑学 2017 级本科生

（二）设计作业

1. 热电厂—纺织厂地块第一组

城市设计：绿野织补 纺城新生——湖北赤壁蒲圻纺织总厂热电广片区

设计者：水思源，李卓，沈瀚哲

通过对空间视角下的蒲纺产业联系进行研究，可知蒲纺作为二三四八工程之一，与长江上游的岳阳化工厂和长岭炼油总厂有着"石油冶炼—化工原料—纺织面料"产业和"107 国道—京广线"交通上的联系，而蒲纺厂区内部道路又不同于一条路串到底的其他三线企业，有着马蹄形环状的特征。

对蒲纺的各生产单元进行梳理，热电厂位于蒲纺的几何中心，作为蒲纺的动力源，通过高压蒸汽管道和铁路线联系着其他生产单元。

深入蒲纺热电厂，聚焦生产建筑部分，梳理出三个热电厂区域的工业逻辑，即热电厂工业生产的逻辑、热电厂生活区的工业逻辑、纺织厂厂房恒温生产逻辑。热电厂工业生产的逻辑，是将原煤转化为电力和高压蒸汽的生产过程，在空间上有着"厂区铁路支线—干煤棚—输煤廊道—锅炉房—气动机房—冷却塔—变电站／高压蒸汽管道"的序列；热电厂生活区的工业逻辑，是将原煤和水转化为生活用水的生产过程，在空间上有着"厂区铁路支线—堆煤场—输煤廊道—锅炉房—公共澡堂／宿舍"的序列；纺织厂厂房恒温生产逻辑是通过引入低温山泉水雾化给生产厂房降温而保持生产空间恒温的过程，在空间上有着"山泉水通道—冷却塔—管道—生产厂房—冷却塔—生产厂房"的序列。

工业生产的逻辑使得各个独立的工业建筑形成了紧密的工业组团，是一种不同于道路系统的建筑与建筑关系的视角。工业生产的逻辑是工业遗产价值的重要表现，生产逻辑外显的路径在城市设计阶段将会结合新的交互媒介和空间序列，复现热电厂的工业生产场景。

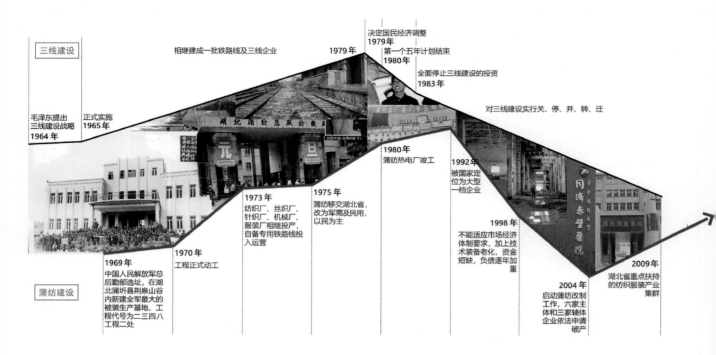

三线建设及蒲纺历史研究

政策关键词：智慧康养，产业三线军工文化，休闲度假发展。

在《赤壁市国民经济和社会发展第十四个五年规划纲要》中，要求发挥赤壁环境资源优势，立足赤壁现有产业基础，以生物医药、美丽健康产业为核心大力发展大健康产业，形成保健食品、中医药康复、保健养生、休闲度假体系。到2025年大健康产业产值达到100亿元。蒲纺工业园加快盘活园区现有存量资源，加强技术改造，淘汰落后产能。利用蒲纺区域优良的自然生态条件和三线军工文化底蕴，拓展智慧康养产业和军工文化产业。

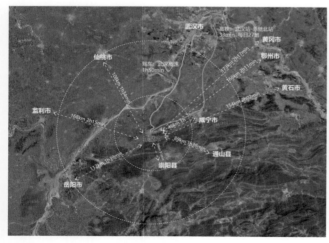

场地区位　　　　　　　　　　　　　　　　　周边资源

在《关于赤壁市 2019 年国民经济和社会发展计划执行情况与 2020 年计划草案的报告》中，要求鼓励经营困难的传统百货店、大型体育场馆、老旧工业厂区等改造为商业综合体、消费体验中心、健身休闲娱乐中心等多功能、综合性新型消费载体。改造提升商业步行街，积极发展养老地产、特色民宿等，鼓励住房租赁消费。积极发展康养产业，推进蒲纺智慧康养等项目建设。推进产业 + 物流、互联网 + 物流深度融合，全力打造华中地区现代物流基地。

在《蒲纺工业园区 2021 年度工作总结》中，提出以下两条要求。

① 有效提升康养产业信息服务水平。通过依托环境优势、整合养老资源、寻求政策扶持，园区基本形成以居家为基础、社区为依托、机构为补充、医养相结合的多层次养老服务体系，并顺利通过民政部"居家和社区养老服务改革试点项目"验收，重点打造出"一系统 + 三平台"、线上线下相结合的全新康养模式。

② 加快培育军工文化产业。蒲纺建成于三线备战时期，军工文化底蕴浓厚，园区内历史建筑遗存众多，档案资料齐全，群众文化风貌积极。目前，园区启动了以提升整治规划，促进老城换新颜为主题的集保护、利用、开发为一体的综合发展规划，积极修复保留具有较高艺术和历史价值的建筑物、构筑物。

赤壁周边也有着众多自然文旅资源，包括羊楼洞古镇、温泉度假、赤壁古战场等，但目前赤壁没有形成比较完整的旅游规划，因此没有一条比较整体的旅游线路。

上位规划图

近四十年来，赤壁市 (原蒲圻镇) 城区经历了"先南北，后东西"的扩张发展过程，而蒲纺片区的范围几乎没有发生变化。

在该区域土地利用规划图中，热电厂及周边区域被划定为娱乐康养用地及居住用地。

该区域在市域空间结构上被划定为泛陆水湖休闲旅游功能区。在市域产业结构布局上，该区域 (蒲纺新城) 被划定为陆水湖旅游休闲基地。

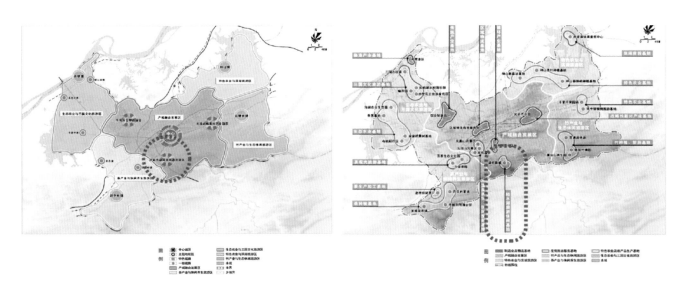

2014 年空间战略的空间结构规划　　　　　　2014 年空间战略的产业布局规划

热电厂工业生产的逻辑：将煤转为电和高压蒸汽的生产过程。

工业原煤→厂区铁路→干煤棚→输煤廊道→锅炉房→气动机房→变电站/高压蒸汽管道。

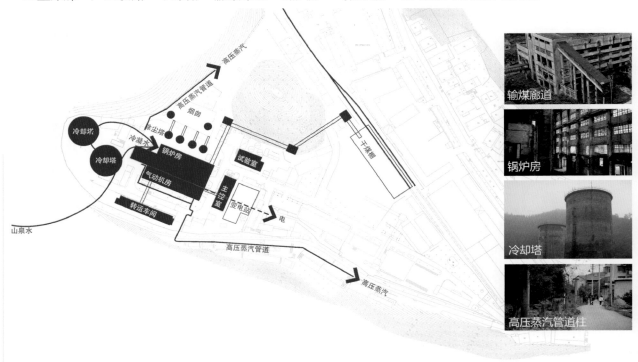

生产逻辑：热电厂工业生产

热电厂生活区的工业逻辑：将煤和水转化为生活热水的过程。工业原煤→厂区铁路→堆煤场→输煤廊道→锅炉房→澡堂。

纺织厂利用山泉水雾化使生产厂房保持恒温的工业逻辑。山泉水→冷却塔→管道送水→纺织厂厂房→热废水→冷却塔循环。

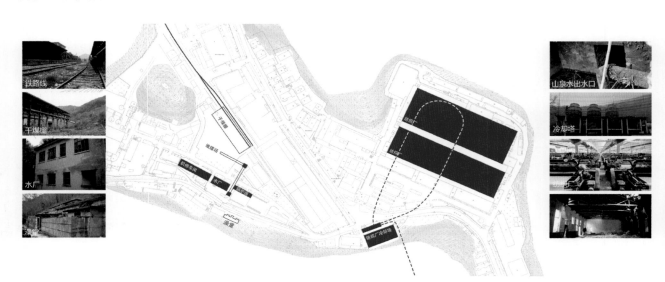

生产逻辑：生活区和纺织厂

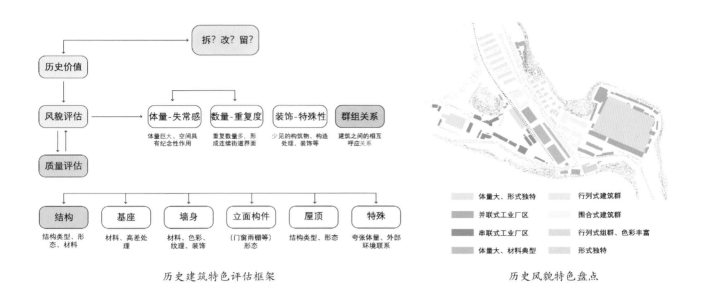

历史建筑特色评估框架   历史风貌特色盘点

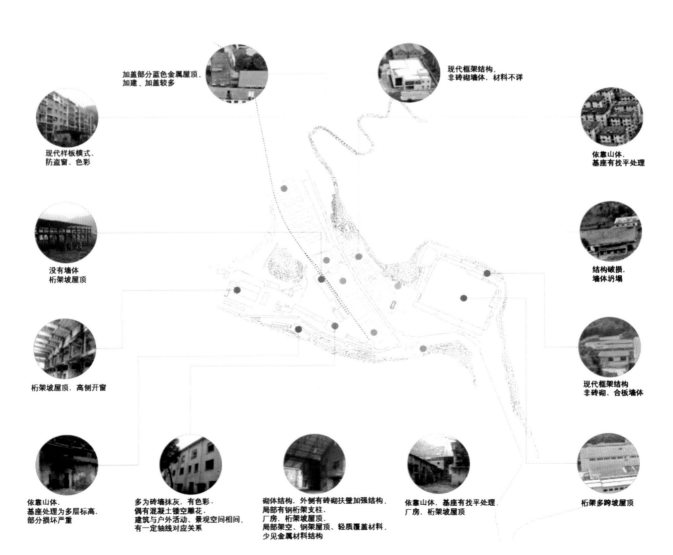

历史建筑特色分析

老旧居民区

更新策略：
① 延续居住功能，局部更新康养设施；
② 增加景观及公共活动空间，加强高差上下联系；
③ 保留群组肌理及建筑体。

新建居民区

更新策略：
① 延续居住功能，局部更新康养设施；
② 增加景观及公共活动空间，加强高差上下联系；
③ 保留群组肌理及建筑体。

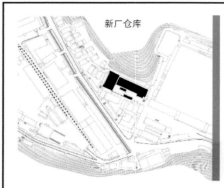

新厂仓库

更新策略：
① 拆除钢结构厂房，原址重建，作为社区公共建筑；
② 整体保留砖砌厂房；
③ 内部做分隔，改为社区集市。

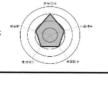

废弃仓库

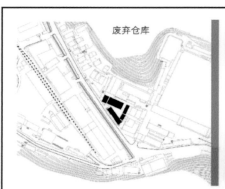

更新策略：
① 重构合院形态，拆除障碍建筑；
② 拆除钢结构临时厂房；
③ 景观重新建构。

合院厂房

更新策略：
① 保留合院形式；
② 保留主体，保留立面材料，置换内部功能。

热电厂区

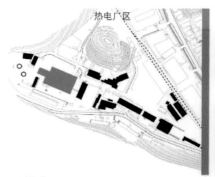

更新策略：
① 保留建筑群组织形式，即所有建筑的原址不变；
② 保留结构，立面尽量保留原貌，修复局部；
③ 激活内部功能，适应文旅活动需要；
④ 保留室外游园绿地，在其基础上重构公共空间；
⑤ 重新梳理道路结构。

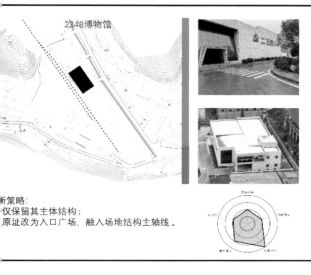

新策略:
仅保留其主体结构;
原址改为入口广场,融入场地结构主轴线。

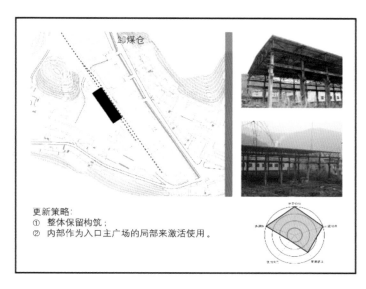

更新策略:
① 整体保留构筑;
② 内部作为入口主广场的局部来激活使用。

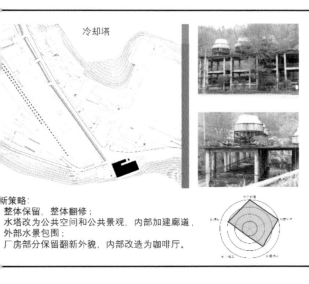

新策略:
整体保留,整体翻修;
水塔改为公共空间和公共景观,内部加建廊道,
外部水景包围;
厂房部分保留翻新外貌,内部改造为咖啡厅。

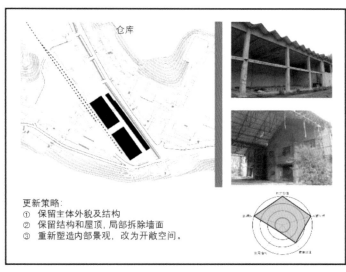

更新策略:
① 保留主体外貌及结构
② 保留结构和屋顶,局部拆除墙面
③ 重新塑造内部景观,改为开敞空间。

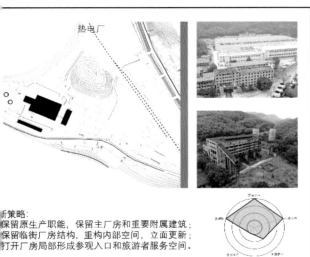

新策略:
保留原生产职能,保留主厂房和重要附属建筑;
保留临街厂房结构,重构内部空间,立面更新;
打开厂房局部形成参观入口和旅游者服务空间。

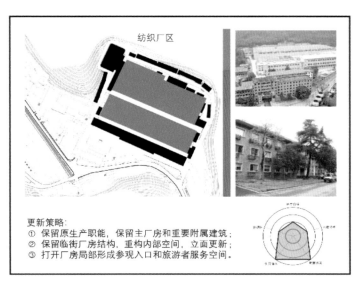

更新策略:
① 保留原生产职能,保留主厂房和重要附属建筑;
② 保留临街厂房结构,重构内部空间,立面更新;
③ 打开厂房局部形成参观入口和旅游者服务空间。

历史建筑特色及其更新策略研究

建成遗产现存问题

建成遗产现存问题主要有以下几点。

①城市内及周边旅游资源丰富，但缺乏协调与统一发展，导致完整的旅游线路无法形成。

②城市原有的纺织产业已大部分荒废，其余工业部分亟须转型升级。

③工人及家属中的中青年一代普遍外流，城镇人口老龄化严重。

④赤壁对于蒲纺的引导与支持政策需要尽快选择合适的空间进行政策落地。

⑤厂区内工业建筑保留较为完整，但大部分附属构件被拆除，工业构筑物保存不完整，部分被拆除或破坏。

⑥场地位于山谷之中，因为厂区荒废已久，周边山区的动植物开始入侵场地，并且出现无序成长的状态。

⑦工厂停止生产已久，大部分建筑不再承担原有功能，处于闲置状态，厂区需要进行整体功能的重新策划。

⑧目前场地只有一城市干道从中央穿过，场地内部的车行和人行通行条件不佳，交通系统需要重新规划。

可从以下几个方面构建城市设计策略。

①产业策划更新：以工业旅游和生态康养为两条产业策划的主线，引导热电厂片区的产业策划更新。将场地分为居住、商业、博物馆、研学、展示五个功能片区，由中央遗址广场串联。

②自然廊道织补：场地内原有游园、山体、山泉等景观要素，通过新的景观序列设计将它们串联起来，场地两侧山体竹林景观通过中央绿轴延续到场地内部，构建起连接两侧建筑空间的公园。

③交通系统重整：原有交通路径只考虑车行交通，新的场地交通设计分为车行、骑行和人行三个层次，从更大尺度的场地范围考虑连接步行道与骑行道的设计。

④生产路径转译：场地内留存有部分运煤廊道，通过复建与功能置换，构建起围合广场的景观廊道。场地内遗存的部分高压蒸汽管道支柱、铁轨则被全部拆除，两条线性要素构成场地内的两条观游路径。

⑤工业建筑活化：对于场地内现存的工业建筑及附属建筑进行价值评估，并提出改造策略，着重对博物馆、研学及展厅三个区域的建筑进行建筑活化更新。

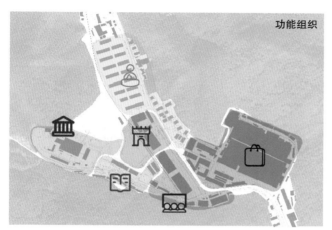

功能组织

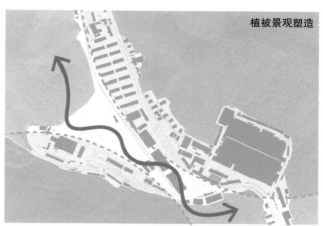

植被景观塑造

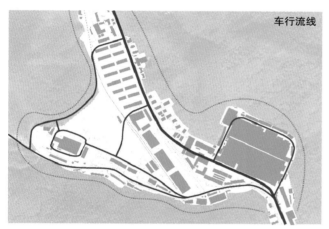

车行流线

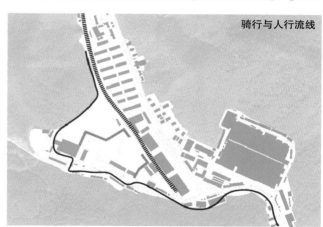

骑行与人行流线

历史建筑更新

城市设计策略

SITE A 前期设计图

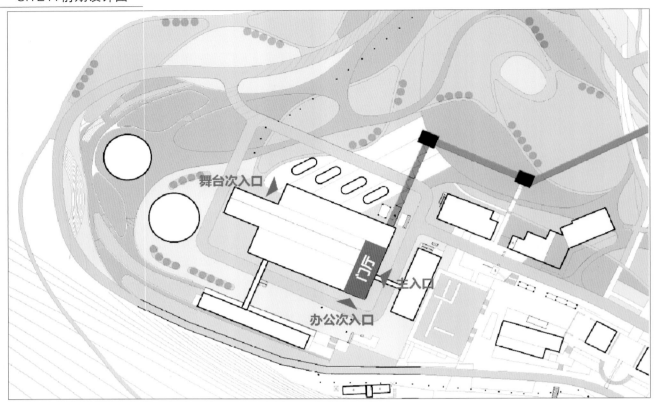

热电厂改造活化策略

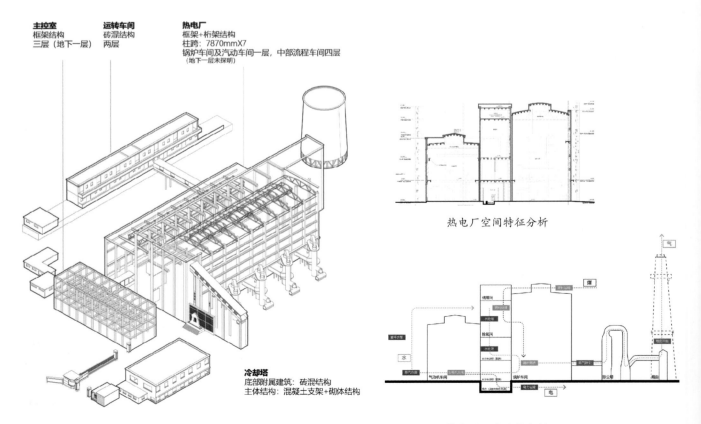

主控室
框架结构
三层（地下一层）

运转车间
砖混结构
两层

热电厂
框架+桁架结构
柱跨：7870mmX7
锅炉车间及汽动车间一层，中部流程车间四层
（地下一层未探明）

冷却塔
底部附属建筑：砖混结构
主体结构：混凝土支架+砌体结构

热电厂及附属建筑结构分析

热电厂空间特征分析

热电厂工业流程分析

SITE B 前期设计图

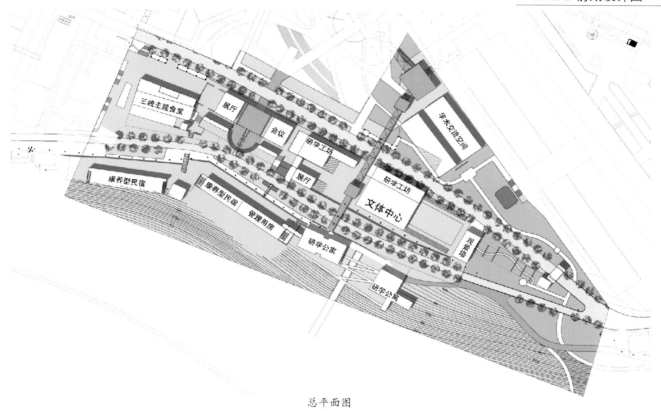

总平面图

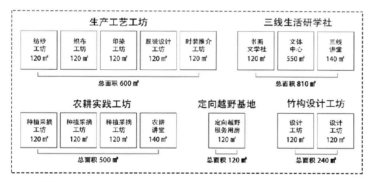

一期总建筑面积6000㎡，二期扩建至总面积面积7500㎡，实现最大200人的接待规模。

建筑功能策划

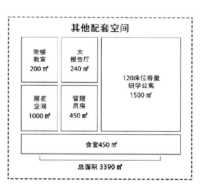

建筑更新策略

公共空间策划

SITE C 前期设计图

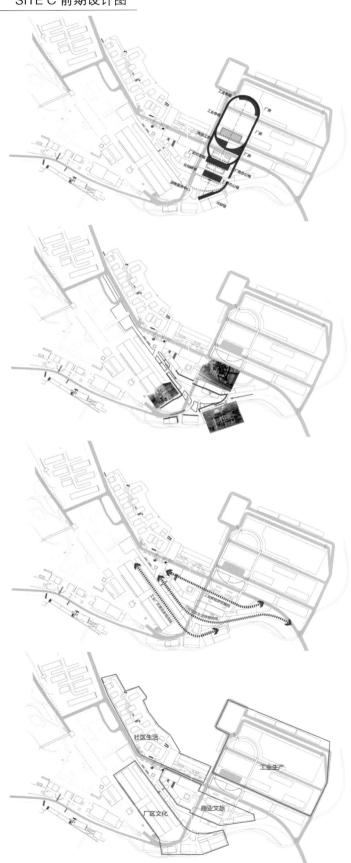

功能业态分析

SITE C 在策划中围绕着文创与工业生产展开了前期的功能业态分区，希望更新后该片区能够兼顾游客参观与目前仍在进行的纺织品工业生产。

广场边界与视线分析

我们对于原厂门口的道路走向进行了重新规划，在厂门口的三角地打造了一个三角形的广场，三个方向的指向分别对应场地周边具有特色的工业景观或自然景观。

主导参观流线

主导参观流线沿东西向展开，划分为平行的三条流线，为游客和当地居民提供多样化的观游体验。

工业体验参观轴线

场地中部贯穿一条南北向的工业体验游参观轴线，串联起生产厂房、厂史纪念馆、游客服务中心、体验公房等空间。

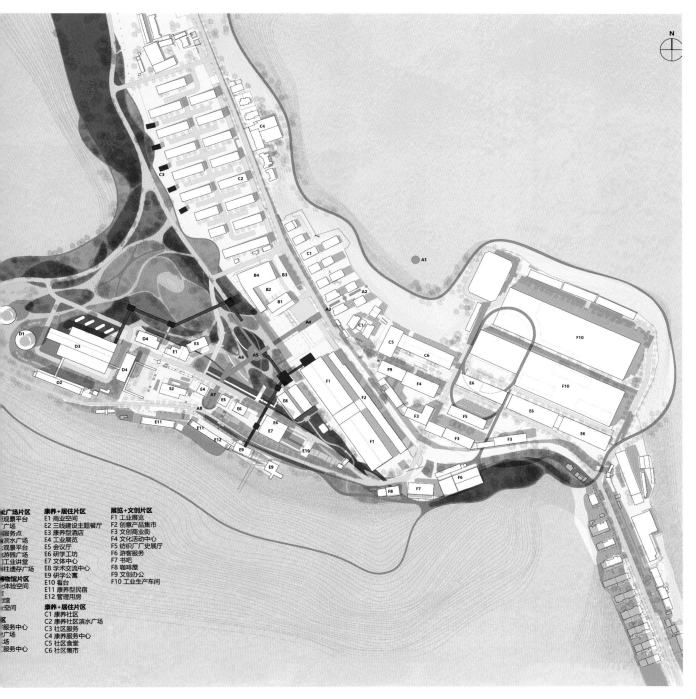

城市设计总平面图

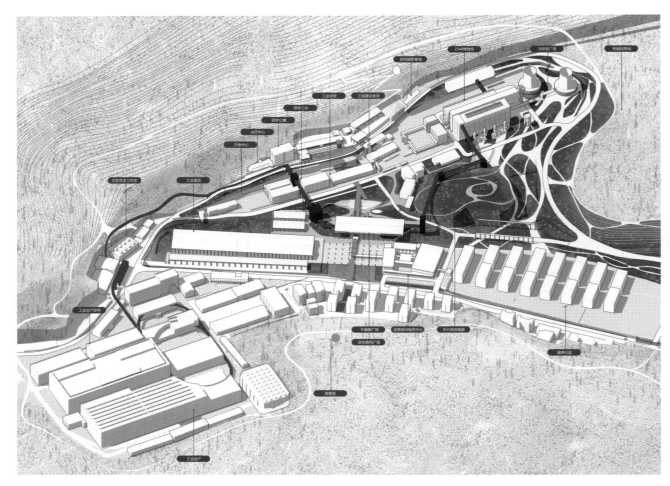

城市设计总效果图

作 业 评 述

　　董哲：水思源、李卓、沈瀚哲三位同学对热电厂片区的城市设计，展示了他们对整个片区较深入的研究和完成度较高的设计，达成了毕业设计中我们所期望的综合性训练的目标。三位同学收集地方政府的相关政策和规划，复现工业遗产遵循的工艺逻辑，系统分析了片区的现状和问题，其前期研究的真实性和专业度是难得的。他们提出分片和分期的保护更新策略，照顾到了三线建设工业遗产更新的特色和需求。以中轴线的纵向广场将游客引入厂区，结合地形用挑空廊道串联新的功能空间，整合起"居住康养""文博观演""文创展览"三个片区，设计逻辑清晰而且得宜。需要注意的是，三位同学对热电厂片区历史建筑的评估以设计为导向，出自自己对建筑特色的感受和归纳，形成有别于传统价值体系评估的创新方法。这一历史建筑评估方法明显有不足之处，但也为我们探索本土尤其是三线建设的工业遗产价值评估提供了新的视角。期望同学们做更多的社会调查和理论思辨，进一步思考扩展自己的价值评估体系。

建筑设计：狭缝游走——二三四八博物馆

选择地块：SITE A

设计者：水思源

当我们关注工业建筑时，常常会被工业建筑巨大的尺度和独特的结构系统所吸引。在热电厂厂房的改造中，我希望能够充分保留这样的空间特征，将热电厂最具工业特征的锅炉车间和汽动车间作为博物馆的展品之一。在历史上的工业生产中，中部的处理与仓储空间在生产过程中也作为一个联系体将两侧的工业生产流程串联起来，同时也考虑到该区域所能承载的开发强度，我将改造的重点放在这个长近 90 米，宽 7.87 米的处理与仓储车间。

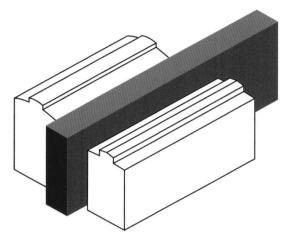

狭缝游走概念图

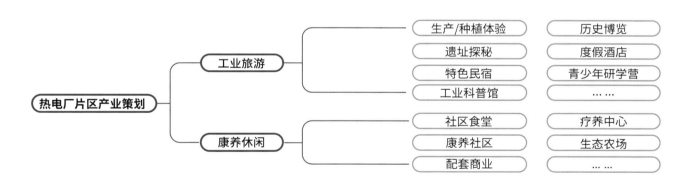

城市设计产业策划

对于南北两侧具有显著工业特征的大空间，尽量保留其原本的空间特征，将空间本身作为博物馆的展品，完整保留北侧最大的厂房，不新增结构与空间，而是将这个大空间作为多媒体展示的背景，通过声、光、电等多种新形式进行生产场景地复现。而对于南侧的汽动车间，则借助原有厂房具有吊车梁这一线索，以悬挂结构的方式置入一些分散的展墙和步廊，构建一个解构且漂浮于原有工业建筑空间内的纪念展厅。而新增的建筑空间则集中于中部的狭长矩形空间，对于原有的四层空间高度进行重新划分，使得游客在这个8米宽，85米长的狭长空间中有变化丰富的空间体验，并且可以从多个不同视角看到两侧的厂房空间。

改造后，中部的空间将承载科普展示、观演席、档案馆等功能，多个廊道与楼梯穿插于中部空间中，为游客提供观察两侧工业空间原貌的多个视角。游客们可以通过在这样一个"工业狭缝"的游走中，产生连续而丰富的空间体验，关键的生产空间与工业构筑物则得到了最大限度的保留。

在游览模式上，我也构建了三条主要的游览路径。

（1）观演体验路径。这条路径的起点位于热电厂东侧的总控室，这个建筑的二层被改造为纪录片放映室，由一个连贯的室外楼梯和热电厂相连，游客可以从三个不同标高处进入三个观演盒子，分别进行体验式的观演和互动，了解当时热电厂的生产流程。最后观众可以从长廊的尽头乘坐电梯下到首层，在首层，游客可以通过建筑原有的地下廊道一路行至恢宏的冷却塔，并且在冷却塔内部感受这样一个工业构筑物的空间特征。

（2）科普教育流线。这条路径的起点是博物馆的门厅，游客可以搭乘电梯首先上至顶层，这也是依照原有生产流程中燃料首先被运送至顶层的设定。顶层是一个完整的科普体验空间，包含图片展廊、多媒体展廊、VR展廊等，然后游客可以下到三层近距离地观察煤斗和一些遗存下来的工业构筑物，并且还可以在二层的公共阅览区和档案馆阅读一些历史资料。

（3）纪念参观流线。纪念展厅流线的入口同样始于博物馆的门厅，游客可以进入原汽动车间，空间中的展板均是从桁架悬挂而下，楼梯和二层连廊也是如此，游客在阅读纪念展品的同时也可以相对完整地体验到原有空间的形态与结构。

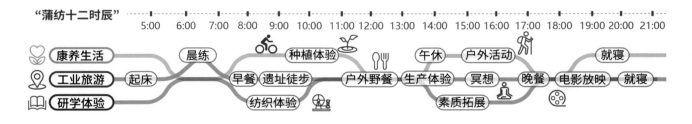

城市设计活动策划

厂区现状分析

场地内建筑以工业建筑和居住建筑为主。工业建筑分为热电厂组团和纺织厂组团。居住建筑主要是厂区配套的工人住宅,北侧也有最近新建的居民小区,居民大部分都是原来厂里的工人或他们的子女。

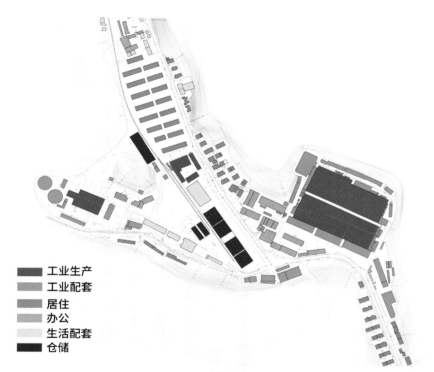

工业生产
工业配套
居住
办公
生活配套
仓储

建筑功能

热电厂片区的交通状况较为简单。一条环山公路将厂区分为东西两个部分,厂内的道路顺应热电厂的线性生产空间和纺织厂的向心性生产空间展开。

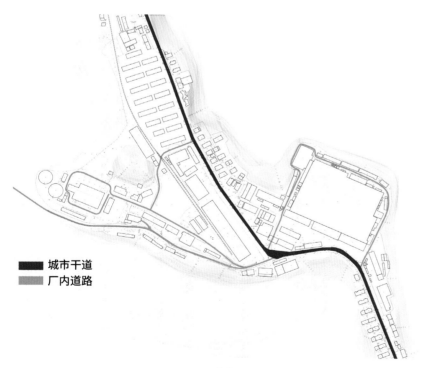

城市干道
厂内道路

区域交通

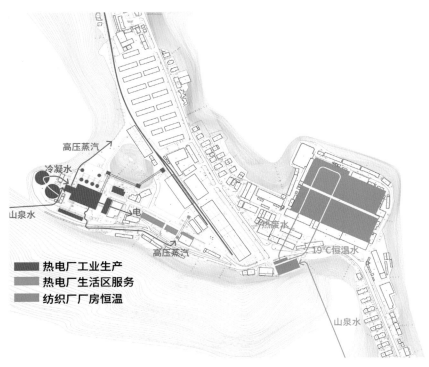

热电厂工业生产
热电厂生活区服务
纺织厂厂房恒温

工业生产逻辑

原热电厂区域的工业生产逻辑可以分为三个部分：热电厂工业生产逻辑、热电厂生活区生产逻辑以及纺织厂厂房生产逻辑。这三条生产逻辑串联起了厂区内的工业建筑及构筑物。

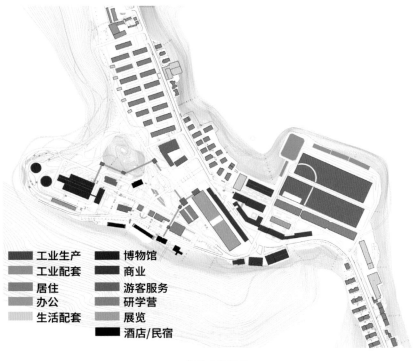

工业生产　　博物馆
工业配套　　商业
居住　　　　游客服务
办公　　　　研学营
生活配套　　展览
　　　　　　酒店/民宿

建筑功能置换

根据城市设计阶段的功能策划，对于场地内废弃的工业建筑进行功能置换与活化。以工业旅游路线来活化整个厂区，并且串联起一系列重要的工业建筑。

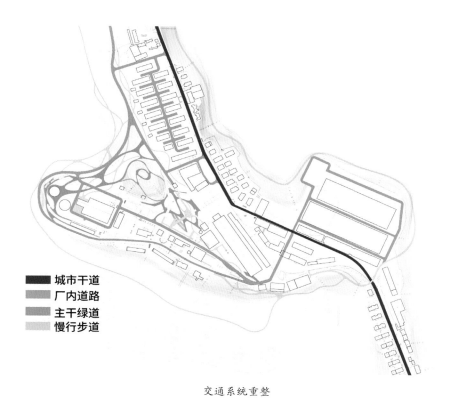

城市干道
厂内道路
主干绿道
慢行步道

交通系统重整

在城市设计阶段，我们对于场地的交通系统进行了重新设计，首先优化了厂内的路口走向，提供了一个较为开阔的厂内广场，我们还结合共享绿廊设计了人行交通系统，为整个区域提供了更加舒适的人行环境。

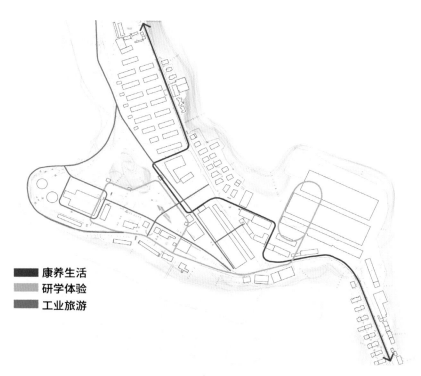

康养生活
研学体验
工业旅游

生产逻辑转译

本设计将原有的工业生产逻辑转译为三条新的流线，分别是康养生活、研学体验和工业旅游。这三条流线编织于场地内部，共同构建起热电厂区域新的城市空间逻辑。

建筑结构现状

热电厂厂房空间由三部分组成：汽动车间、锅炉车间和中部的处理及仓储车间。锅炉车间采用的是钢结构桁架，以满足其对于大跨空间的需求，而汽动车间则采用的是实心混凝土腹板，以满足其结构要求，中部的处理及仓储车间采用的是柱跨为 7.87 米的框架结构。

车间中的设备基本上全部被拆除，但主体建筑的结构还是得到了相对完整的保留，部分围护结构有破损。

锅炉车间桁架　　锅炉车间混凝土柱

车间墙体　　处理车间及煤斗

建筑结构现场照片

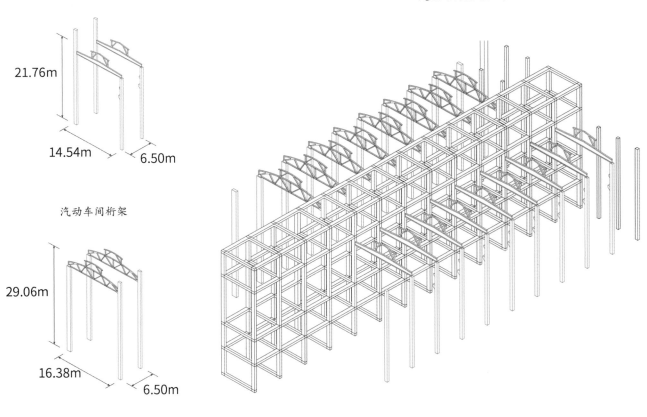

21.76m
14.54m　　6.50m

汽动车间桁架

29.06m
16.38m　　6.50m

锅炉车间桁架

建筑结构现状

工 业 生 产 流 程

位于南北两侧的车间分别承载了热电厂电力生产的两个主要流程。锅炉和气动机的巨大尺度决定了两侧厂房的空间高度与跨度。而中部的处理与仓储车间更多的是承担一些中间反应的发生，所以无论是在层高还是跨度上都更小，并且承担了众多不同的生产功能。燃料运输至厂房后会先贮存在顶层的煤仓，电力生产完成后则会通过地下廊道连接至一侧的变电站进行后续传输。

有四个重要元素参与热电厂的生产过程：煤（燃料）、水（介质）、电（产品）和气（废弃物）。

四个生产要素在厂房的三部分空间中循环流动，完成整个生产流程。

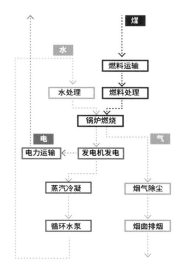

工业生产流程空间图解

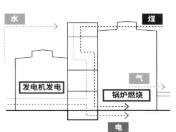

工业生产流程：要素

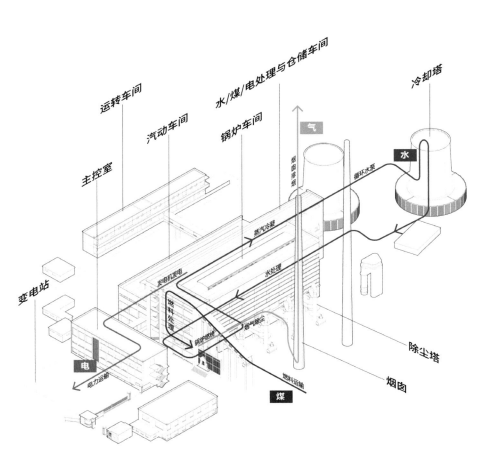

工业生产流程：空间

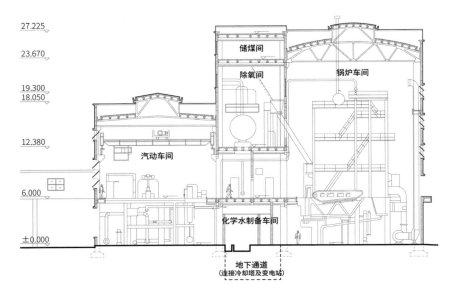

工业空间与设备

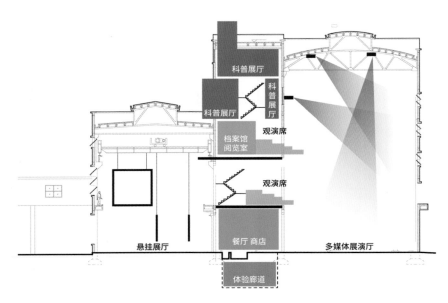

更新策略：剖面概念

工业流程特色

建筑空间尺度

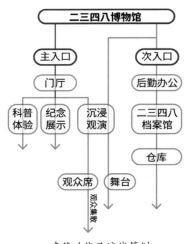

建筑功能及流线策划

　　热电厂三部分的厂房空间在尺度和工业生产中承担的功能都展现出巨大的差异。

　　热电厂厂房的改造方案以"狭缝"为切入点，希望充分保留两侧具有工业生产特点的大尺度厂房空间，将改造重点着眼于中间的处理与仓储车间。进行重新分层与交通的重新组织，根据博物馆功能的策划，插入科普展厅、档案馆、体验廊道等多种新的功能空间，并且将两侧的空间本身作为展品，在中部为游客提供感受两侧工业空间的游览路径。

现状：处理车间与仓储车间被划分为地上四层、地下一层。

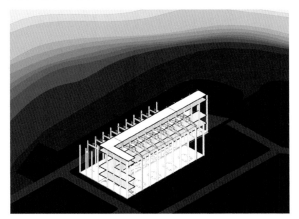

空间生成：现状

在东西两侧分别插入两个集中交通核。

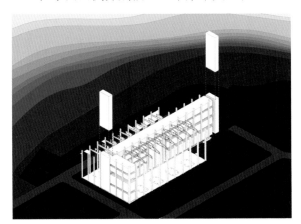

空间生成：东西插入交通核

置入外挂楼梯，串联起各层的观演空间。

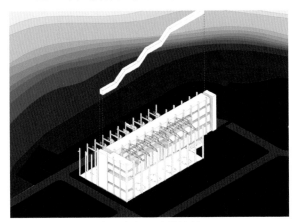

空间生成：外挂楼梯

对建筑进行重新分层，设计具有更加亲人尺度的建筑空间。

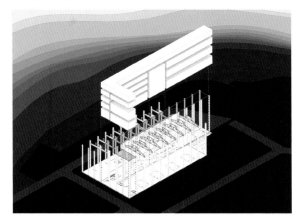

空间生成：重新分层

插入三个面向展演空间的观演盒子，三个观演盒子也划分了科普展厅、档案馆的功能空间。

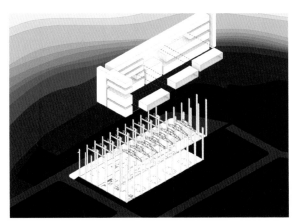

空间生成：观演盒子

对于内部空间进行功能细化。

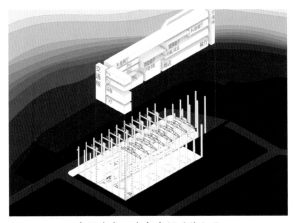

空间生成：内部空间功能细化

功能更新植入

多个不同的功能空间插入原有的处理车间与仓储车间，这些新增空间与两侧的工业空间产生了多种空间关系。

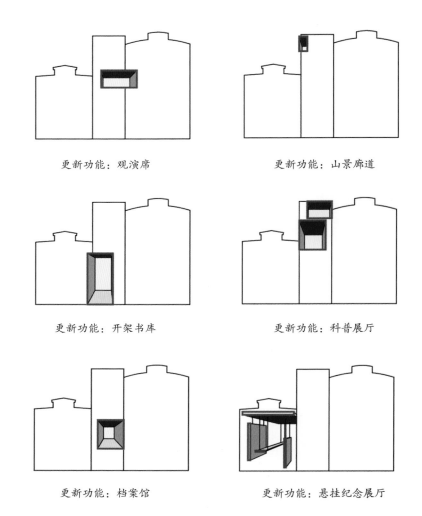

更新功能：观演席　　　　　　　　　　　更新功能：山景廊道

更新功能：开架书库　　　　　　　　　　更新功能：科普展厅

更新功能：档案馆　　　　　　　　　　　更新功能：悬挂纪念展厅

　　观演和体验空间是二三四八博物馆中的核心空间序列之一，起始于由原主控室改造而成的纪录片放映室。游客会首先通过一段纪录片了解三线建设历史，然后顺着连廊可以分别来到嵌入博物馆中的三个观演盒子，原锅炉车间被改造为多媒体展演舞台，游客可以在观演盒子中观看到热电厂生产场景的复现，并且有相应的互动体验。

　　科普与展览空间位于二三四八博物馆的首层及顶部两层。游客可以从东侧的前厅进入博物馆，乘坐电梯感受锅炉车间的宏伟尺度，同历史上工业生产的逻辑一样，游客从顶层开始参观，顶层布置有图片展廊、多媒体展廊、VR 体验空间等多种形式的科普展览，顶层的西侧留存有原有工业生产时期的煤斗，游客下行后可以进入两层通高的煤斗展厅，参观一些工业生产的实物展品。最后游客可以通过电梯下至首层和地下一层，通过廊道进入体验流线的终点——冷却塔，感受工业巨构的宏伟空间。

　　档案与阅览空间是博物馆服务于历史研究和当地居民生活的空间。在历史建筑中的档案空间能够延续工业建筑的价值与意义，阅览空间作为档案空间的外延，可面向公众提供有价值的社区服务。阅览空间还通过三层通高的开架书库沟通起博物馆的各个部分。

　　由于博物馆中策划了多种不一样的展览和体验形式，在博物馆中利用原有 11 米高的三层空间进行竖向的重新划分，划分为三层，成为图书馆的办公、管理及多媒体展演设备的空间。

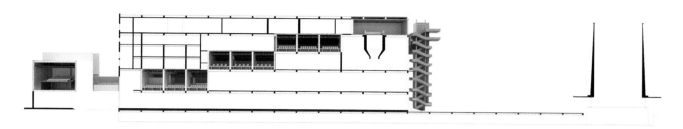

空间序列：观演与体验空间

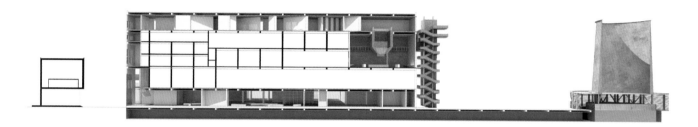

空间序列：科普与展览空间

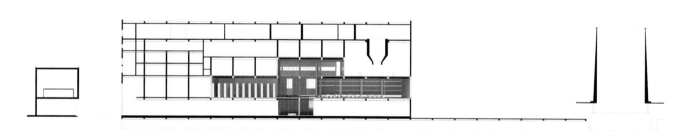

空间序列：档案与阅览空间

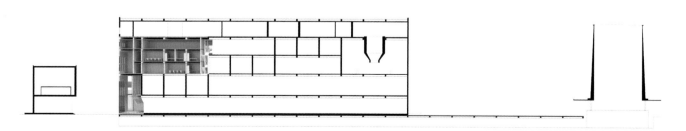

空间序列：办公与设备空间

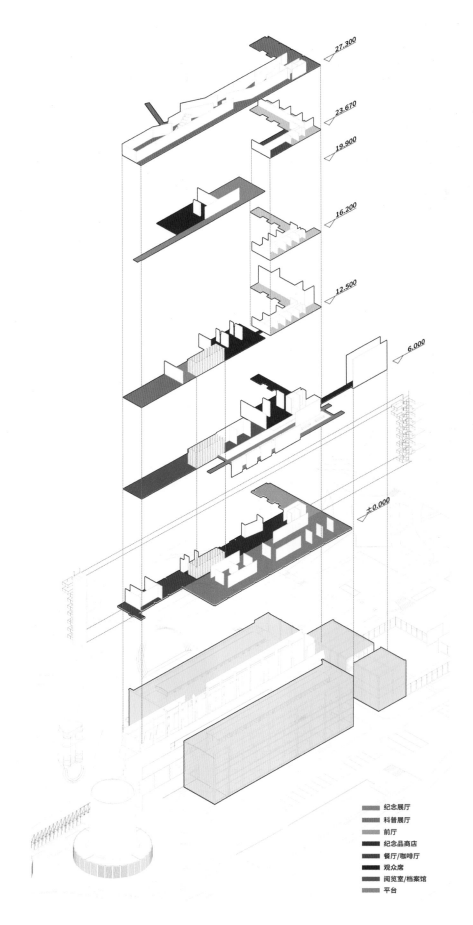

27.300

23.670

19.900

16.200

12.500

6.000

±0.000

纪念展厅
科普展厅
前厅
纪念品商店
餐厅/咖啡厅
观众席
阅览室/档案馆
平台

空间功能布局

总平面图

经济技术指标

用地面积：26100 m²

总建筑面积：7950 m²

其中，

科普展厅：1420 m²

档案馆及阅览空间：750 m²

纪念展厅：960 m²

多媒体展演厅：970 m²

其他空间：3850 m²

容积率：0.30

建筑密度：11%

绿地率：43.2%

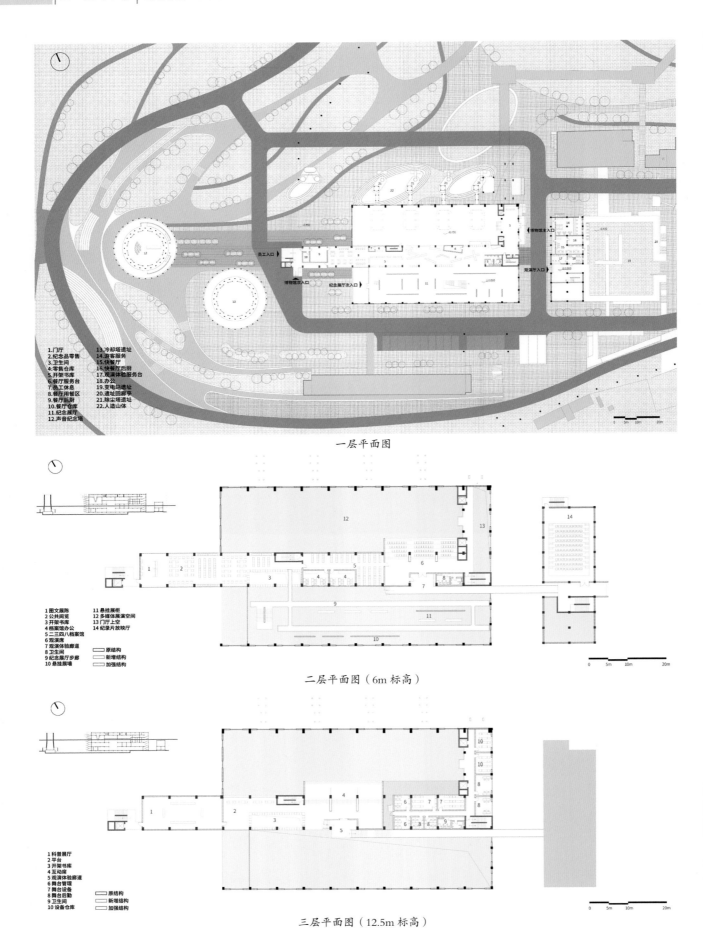

一层平面图

1.门厅
2.纪念品零售
3.卫生间
4.零售仓库
5.开架书库
6.餐厅服务台
7.员工休息
8.餐厅用餐区
9.餐厅后厨
10.餐厅仓库
11.纪念展厅
12.声音纪念塔

13.冷却塔遗址
14.游客服务
15.快餐厅
16.快餐厅后厨
17.观演体验服务台
18.办公
19.变电站遗址
20.遗址回廊亭
21.除尘塔遗址
22.人造山体

二层平面图（6m 标高）

1 图文展陈
2 公共阅览
3 开架书库
4 档案馆办公
5 二三四八档案馆
6 观演库
7 观演体验廊道
8 卫生间
9 纪念展厅步廊
10 悬挂展墙

11 悬挂展柜
12 多媒体展演空间
13 门厅上空
14 纪录片放映厅

□ 原结构
□ 新增结构
□ 加强结构

三层平面图（12.5m 标高）

1 科普展厅
2 平台
3 开架书库
4 互动展
5 观演体验廊道
6 舞台管理
7 舞台设备
8 舞台后勤
9 卫生间
10 设备仓库

□ 原结构
□ 新增结构
□ 加强结构

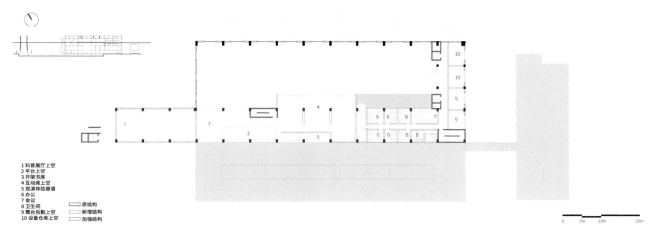

1 科普展厅上空
2 平台上空
3 开架书库
4 互动席上空
5 观演体验廊道
6 办公
7 会议
8 卫生间
9 舞台后勤上空
10 设备仓库上空

☐ 原结构
☐ 新增结构
☐ 加强结构

0 5m 10m 20m

四层平面图（16.2m 标高）

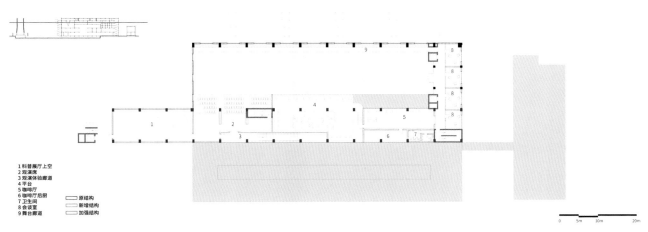

1 科普展厅上空
2 观演席
3 观演体验廊道
4 平台
5 咖啡厅
6 咖啡后厨
7 卫生间
8 会谈室
9 舞台廊道

☐ 原结构
☐ 新增结构
☐ 加强结构

0 5m 10m 20m

五层平面图（19.9m 标高）

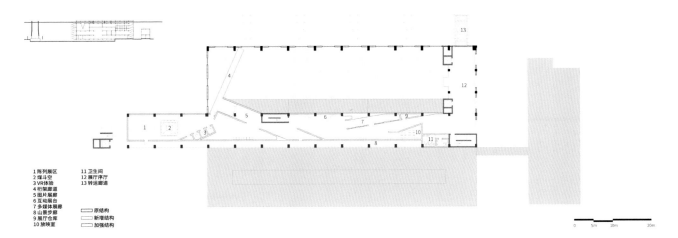

1 陈列展区
2 煤斗空
3 VR体验
4 桁架廊道
5 图片展廊
6 互动展台
7 多媒体展廊
8 山景步廊
9 展厅仓库
10 放映室
11 卫生间
12 展厅序厅
13 转运廊道

☐ 原结构
☐ 新增结构
☐ 加强结构

0 5m 10m 20m

六层平面图（23.67m 标高）

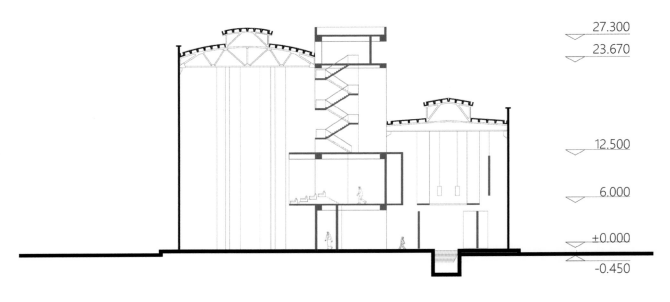

27.300
23.670

12.500

6.000

±0.000
-0.450

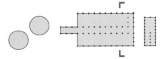

A–A 剖面图

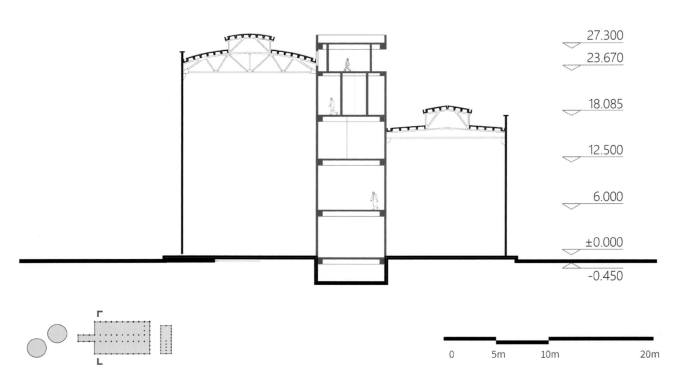

27.300

23.670

18.085

12.500

6.000

±0.000
-0.450

0   5m   10m   20m

B–B 剖面图

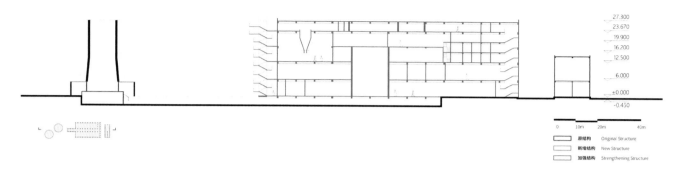

原结构	Original Structure		
新增结构	New Structure		
加强结构	Strengthening Structure		

C-C 剖面图

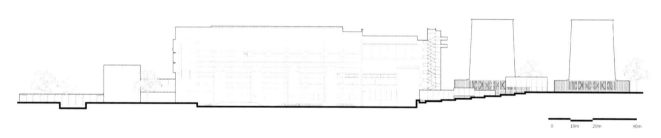

北立面图

东立面图

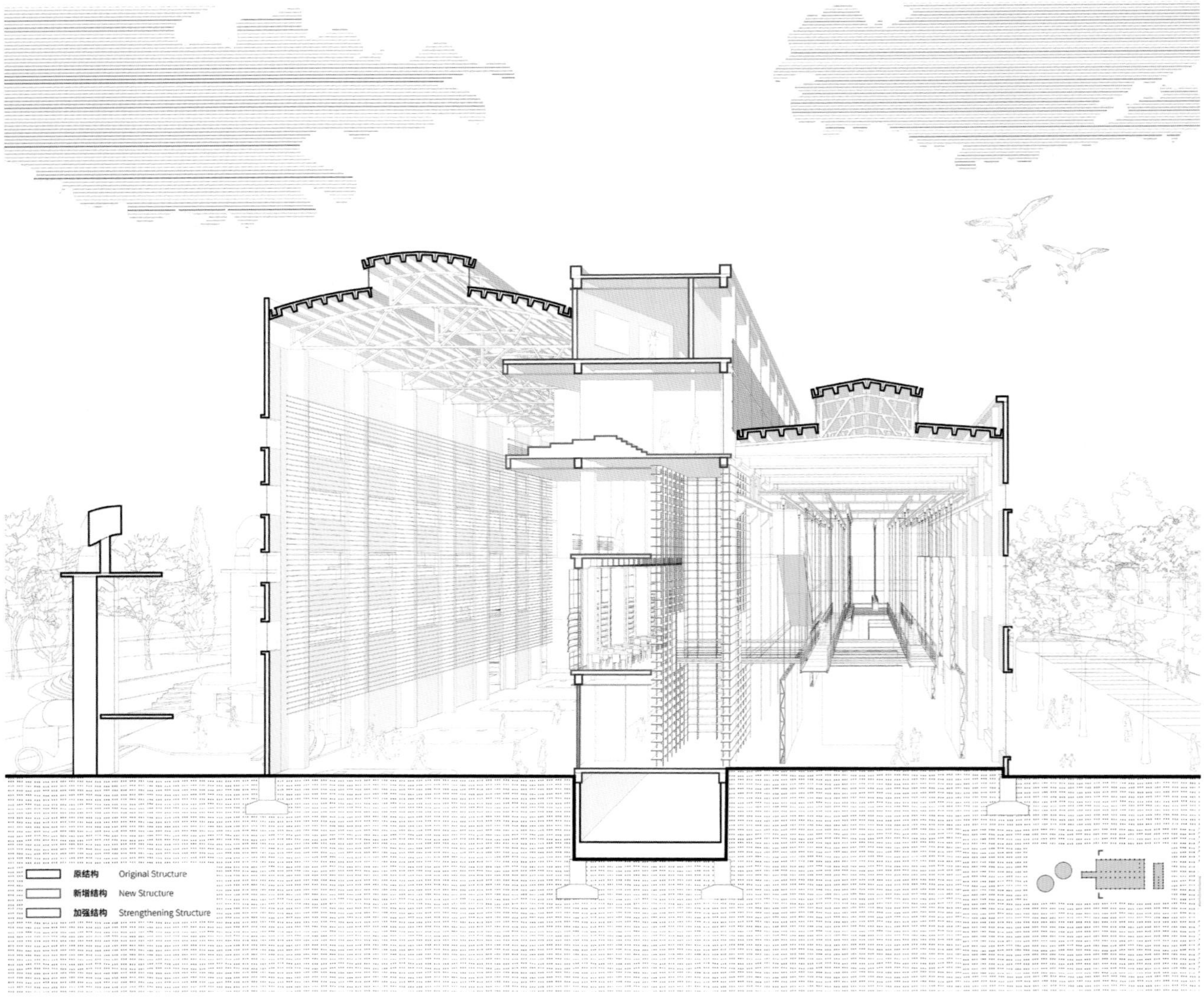

原结构 Original Structure
新增结构 New Structure
加强结构 Strengthening Structure

西侧剖透视图

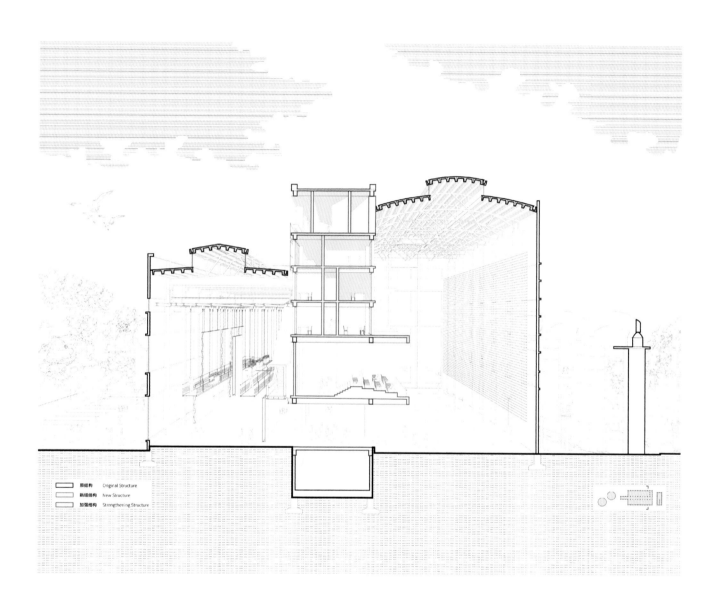

	原结构	Original Structure
	新增结构	New Structure
	加强结构	Strengthening Structure

东侧剖透视图

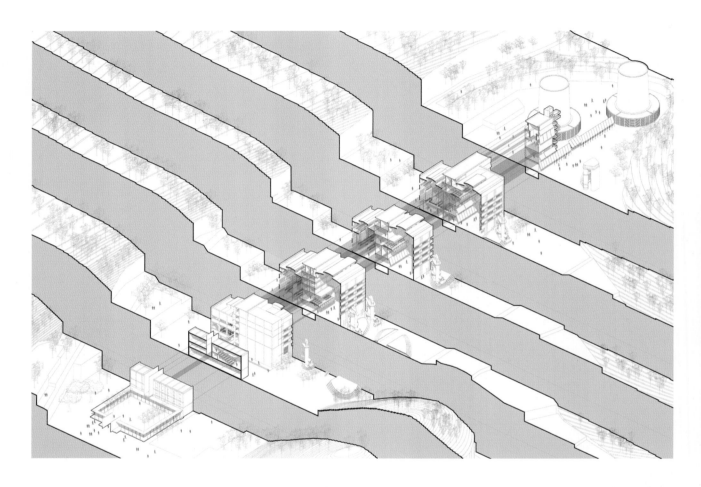

大效果图

悬挂展厅

体验廊道

观演厅

西北侧人视图

东南侧鸟瞰图

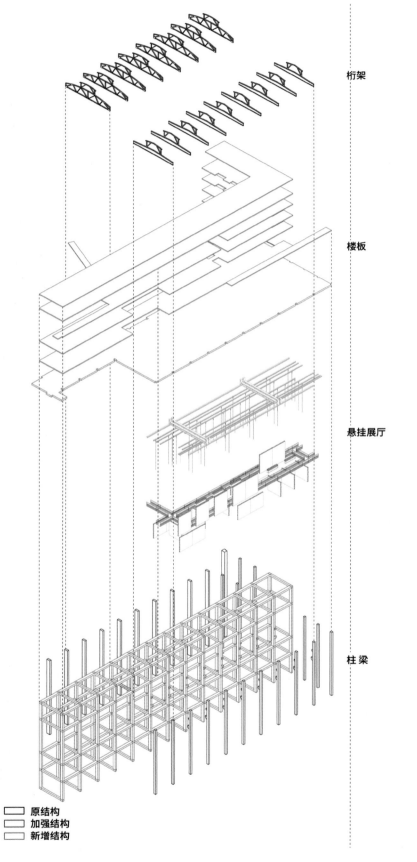

桁架

楼板

悬挂展厅

柱梁

原结构
加强结构
新增结构

整体结构层次

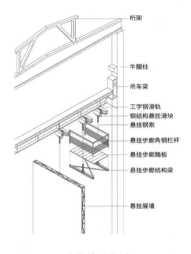

桁架
牛腿柱
吊车梁
工字钢滑轨
钢结构悬挂滑块
悬挂钢索
悬挂步廊角钢栏杆
悬挂步廊踏板
悬挂步廊结构梁

悬挂展墙

悬挂展厅构造

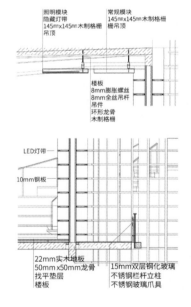

照明模块   常规模块
隐藏灯带   145mm×145mm木制格栅
145mm×145mm木制格栅   栅顶
吊顶

楼板
8mm膨胀螺丝
8mm全丝吊杆
吊件
环形龙骨
木制格栅

LED灯带

10mm钢板

22mm实木地板   15mm双层钢化玻璃
50mm×50mm龙骨   不锈钢栏杆立柱
找平垫层   不锈钢玻璃爪具
楼板

开架书库构造

剖透彩色效果图

作业评述

　　董哲：水思源同学根据热电厂主厂房的空间特征提出"狭缝游走"的概念，并将概念落实为较为复杂的展览、观演、服务功能体系，其连贯精准的逻辑显示出了非常出色的敏锐度和成熟度。厂房两侧尺度夸张的大空间被打造成具有剧场效果的展览场所，厂房中央原先的小尺度功能房间则布置成亲人的观演室、阅览室、服务用房，厂房首尾用电梯穿起自上而下的流线，诸如大空间等空间效果的潜能都较好地激发了出来，设计手法精炼、妥当、灵活，图纸表达也很精彩。当然，水思源同学的作品也有进一步发展的潜力。比如，尽管热电厂厂房本身的设计很成熟了，但它紧邻雕塑效果极强的除尘器以及空间纪念性极强的冷却塔，对它们之间的关系缺少更多挖掘。再扩展一步，热电厂西南的山坡、东南的二厂门和小广场，东北的小山丘都是可供设计的场地条件，更不用说城市设计阶段所提出的广场和廊道了。如果能更整体地纳入这些元素，水思源同学的设计应该能更上层楼。

建筑设计：厅 | 廊 | 居——三线建设分散式酒店设计

选择地块：SITE B

设计者：李卓

基于前述研究和策划，建筑设计引入"分散式酒店"的运营概念，化解厂区内地形高差复杂，行车、停车不便的问题，充分整合利用散布于厂区中的空置资源，保证游客体验高品质原真文化，进而促进厂区转型复兴。

"分散式酒店"采用的是水平式的空间组织模式，它不同于传统酒店集中式垂直管理的空间组织模式，"分散式酒店"往往设置有一个位于中心区域的接待服务中心，客房空间和酒店的不同公共功能空间分散布置于乡村中不同的闲置建筑，每个客房空间与中心的服务空间不超过规定的步行距离。这样使得游客在便利使用酒店的公共服务的同时，增加了与乡村其他空间的接触机会，同时能更加切身地与当地文化进行交流，带动乡村的经济和文化发展，助力乡村的振兴。

空间模式创新：传统式酒店　　　　　　空间模式创新：分散式酒店

由一个中心枢纽作为接待处和游客服务中心，住宿的房间分布于村庄的不同的民居。

①有利于充分整合利用乡村中现有的空置资源。

②增加商业和手工业空间的总体布局数量。

③保证游客体验高品质的原真文化。

④进而促进可持续性的人口增长和乡村复兴。

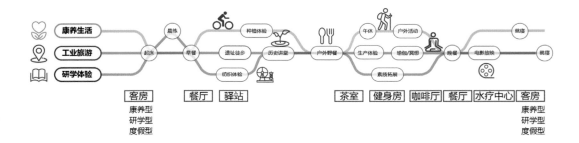

建筑功能拟订图解

环境条件分析

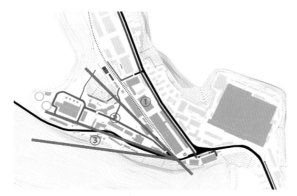

场地条件：阶梯高差

场地条件：缺少大规模集散空间

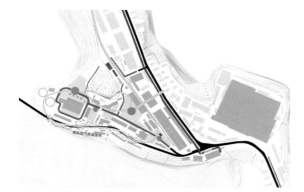

场地条件：构筑物景观分散

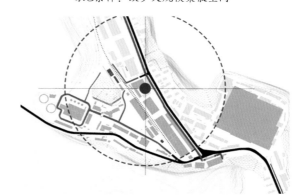

场地条件：临街形成公共空间

场地空间分析

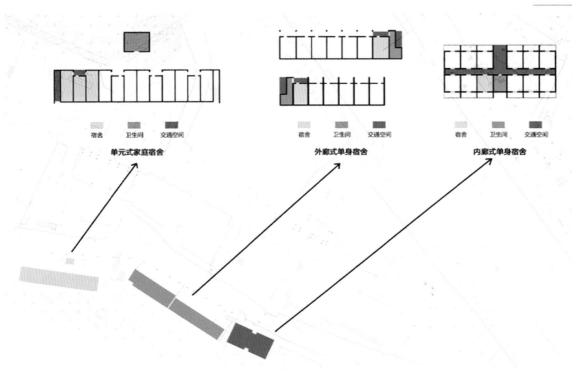

单元式家庭宿舍　　　外廊式单身宿舍　　　内廊式单身宿舍

场地内多种三线建设宿舍集群

建筑现状

1号楼(原仓库):紧贴主干道,园区主入口缺少停车空间,考虑拆除。

2号楼(原车间):框架结构,有一定跨度,考虑转设为展厅。

3号楼(原仓库):承重墙结构,考虑转设为后勤管理办公空间。

4号楼(原仓库):承重墙结构,考虑转设为后勤管理办公空间。

5号楼(原食堂及烟囱):食堂空间及配套后勤仓储空间完善。保留原有建筑功能并进行改造,提质升级为园区三线建设主题餐厅。

6号楼(原职工宿舍):视野开阔,前侧闲置用地较多,南侧被山体遮挡,采光有一定影响,建筑采光条件改善后,可作为民宿客房。

7号楼(原宿舍仓库):视野开阔,建筑位于场地核心位置,交通便利,适宜作为公共区域的功能空间。

8号楼(原职工宿舍):视野开阔,前后闲置用地较多,南侧山体遮挡较少,采光条件较好,可改建为民宿客房。

9号楼(原职工公寓):视野开阔,建筑质量较好,为内廊式公寓,每个户型都配有阳台,可改建为集中型的研学公寓。

10号楼(原澡堂):拥有良好的给排水基础,适宜改建水疗功能区。

建筑现状总图

1号楼

2号楼

3号楼

4号楼

5号楼

6号楼

7号楼

8号楼

9号楼

建筑现状实景图

场地分散式酒店分期发展

考虑到当地实际经济条件，热电厂区"分散式酒店"采取分期开发模式，Ⅰ期旨在吸引人流，配合热电厂主厂房博览空间和工业研学的开发，改建研学公寓、康养型民宿、三线建设主题餐厅、咖啡厅、健身房和水疗中心，组成Ⅰ期"分散式酒店"集群；Ⅱ期旨在完善业态，配合工业研学的进一步完善，打造工业主题的Ⅱ期"分散式酒店"；Ⅲ期旨在统筹发展，结合对热电厂周边居民区的适老化改造，通过置换一部分居民区建筑，打造三线生活主题的Ⅲ期"分散式酒店。

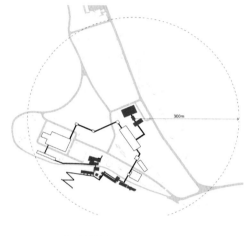

分散式酒店分期：Ⅰ期引流

为蒲纺热电厂的初步更新开发服务，开发中短期旅居的客房类型，保证厂区接待功能。

开发类型：康养套间、家庭LOFT套间、研学标间、单人房、大床房。

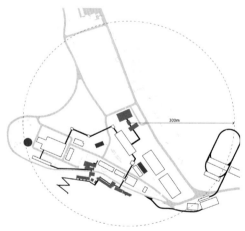

分散式酒店分期：Ⅱ期完态

为蒲纺热电厂的进一步研学、工业文旅业态开发服务开发具有独特性和稀缺性的客房类型。将冷却塔和部分仓库开发为工业主题的客房。

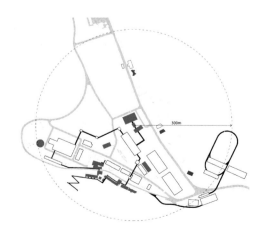

分散式酒店分期：Ⅲ期复兴

服务于蒲纺热电厂老旧居住区的康养适老化更新，通过置换部分闲置居民楼，合理利用周边医疗、自然资源，打造三线建设—社区康养主题客房。

场地整体结构性设计

城市交通 ■■■■
园区交通 ■■■■

场地交通组织

　　沿城市主干道"泉门口路"设置接待中心和停车区，在接待中心旁厂区道路设置园区集散区，并利用热电厂原有道路实现园区小型观光车运营。实现厂区内以步行为主、观光车为辅的交通系统。

工业输煤廊道活化与复现

园区通勤车流线 ■■■■
旅客入住流线 ■■■■
餐厨后勤流线 ■■■■

场地流线设计

　　旅客在接待中心实现人与行李分离，行李通过工作人员园区通勤车运送至客房区服务前台，旅客可选择沿高架输煤廊道行步行至客房区，通过输煤廊道"切片"，在入住途中便可观赏到厂区的整体工业景观；旅客也可选择行至园区集散区，乘坐园区通勤车至客房区。

Ⅰ期建筑改造策划

运用"厅、廊、居"的设计手法："厅"即客厅，指接待中心和各栋分散式酒店的前台空间；"居"即酒店居住主体，是居住的空间；"廊"即廊道，通过利用原有的输煤廊道基础，重现工业生产时期的路径，弥合高差，连接"厅"与"居"。

①通过"厅"的设计，分离复杂流线，形成旅客集散的活力中心。

②通过工业逻辑的文旅语境转译，将输煤廊道转化为旅客入住的高架步行廊道，为旅客提供了切片式的热电厂区观光步行路径,酒店客房区域则通过新建连廊将六栋建筑由分散变聚落,连廊除联系建筑与建筑之外,还围合形成了不同的功能型庭院,增加功能空间的使用性。

③通过对四栋职工宿舍的更新设计，提供具有三线建设文化原真性的住宿空间。

在中心接待大厅区域，保留原有三栋建筑，通过新建接待中心，将广场一分为二，分别作为后勤流线庭院和面向主干道的游客集散广场，使得后勤管理流线与游客流线分离。非夜间时段，游客在大厅办理入住后，由酒店工作人员驾驶园区车辆将行李运送至山腰的酒店前台，游客与行李分离，通过景观廊道步行穿越工业遗址广场、转运煤塔、体育馆步行至酒店前台。游客也可选择等候乘坐园区车辆行至山腰的酒店前台。

酒店客房区域则通过新建连廊将六栋建筑由分散变聚合，连廊除联系建筑，还围合形成了不同的功能型庭院，增加功能使用性。当新建筑与周边环境的关系具有一定不协调性的时候，通过一定的视觉遮挡与视觉切片的方式让周边环境与内视觉产生协调性。

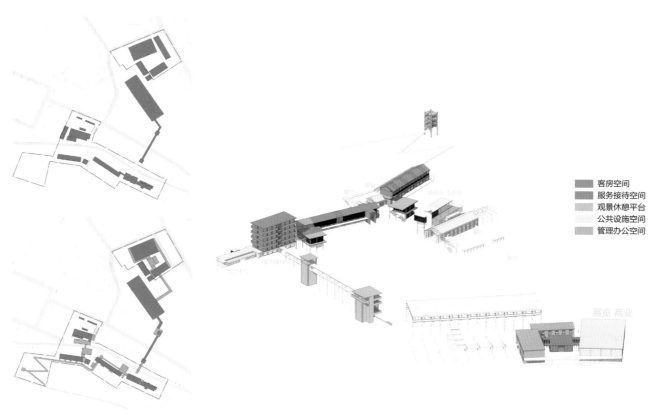

改造前后对比　　　　　　　　建筑功能的空间更替

厅—廊—居系统的建立

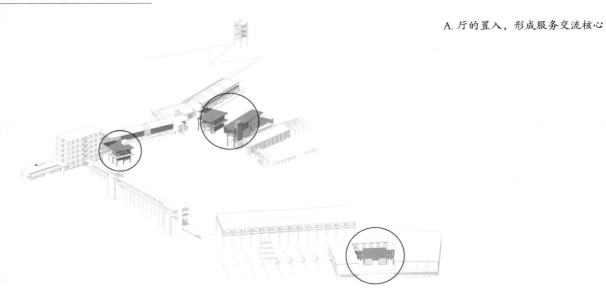

A. 厅的置入，形成服务交流核心

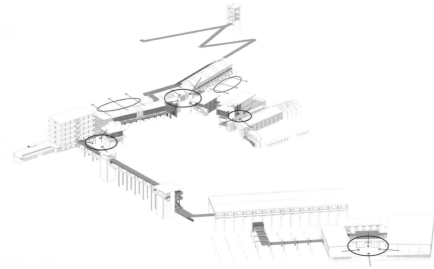

B. 廊的连接，由分散形成聚落

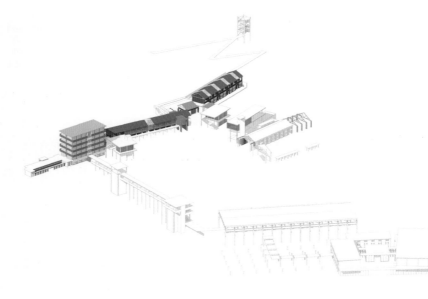

C. 居的更新，建筑功能的升级

I：厅

民宿与游客接待中心
经济技术指标
红线范围面积：5835.5 m²
建筑基底面积：2203.4 m²
建筑面积：3681.4 m²
建筑密度：37.8%
容积率：0.63
绿地率：43%
社会停车位：30 个
园区通勤停车位：18 个

民宿与游客接待中心效果图

①拆除临街建筑，建设接待中心道路及停车位。

②置入接待中心，将公共空间划分为公共广场和后勤管理内院。

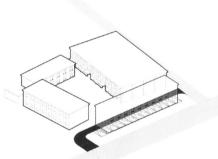

拆除临街建筑

空间操作：划分功能

③新建连廊，在公共广场一侧重塑建筑主立面，在后勤管理内院一侧联系四面管理办公空间。

④双层表皮，采用镂空钢板对建筑立面进行更新。

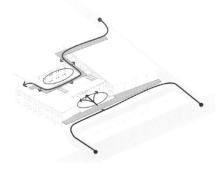

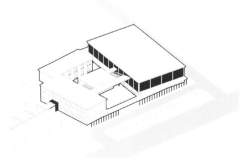

空间操作：新建连廊

空间操作：立面更新

民宿服务大堂骑行驿站剖透视图

民宿及游客接待中心效果图

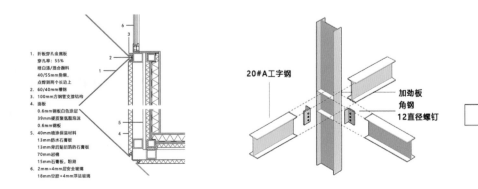

1. 折板穿孔金属板
   穿孔率: 55%
   喷白漆/混合颜料
   40/55mm角钢,
   点焊到两个长边上
2. 60/40mm槽钢
3. 100mm方骑管支撑结构
4. 齿板
   0.6mm钢板白色涂层
   39mm硬质聚氨酯泡沫
   0.6mm钢板
5. 40mm喷涂保温材料
   13mm防水石膏板
   13mm背后贴铝箔的石膏板
   70mm岩棉
   15mm石膏板, 粉刷
6. 2mm×4mm层安全玻璃
   18mm空腔+4mm浮法玻璃

20#A工字钢

加劲板
角钢
12直径螺钉

穿孔金属板构造图　　　　　　　　工字钢框架构造图

Ⅱ. 廊

景观廊道与"居"的空间关系: 景观廊道串联起几栋原有宿舍楼以及附属建筑,将其由分散变聚合,同时围合形成了不同的公共广场和私密内院空间,在公共空间中通过一定的视觉遮挡与视觉切片的方式让周边环境与内视觉产生协调性。

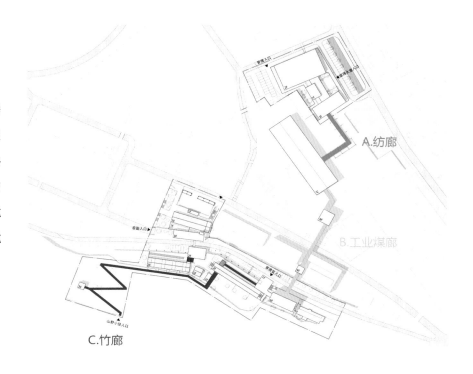

景观廊道体系

纺廊效果图

工业煤廊效果图

竹廊效果图

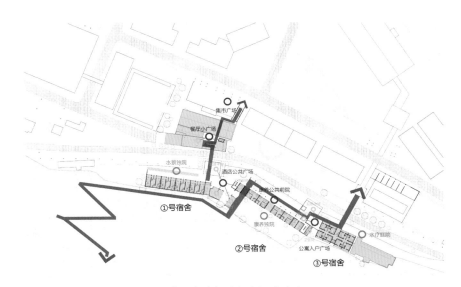

景观廊道与居住空间的关系

Ⅲ．居

①号宿舍改造策略：LOFT 家庭型 / 伴侣型套间。

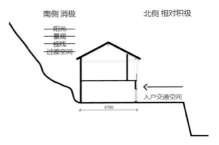

①号宿舍：现状与矛盾

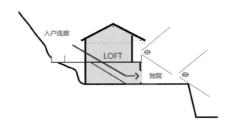

①号宿舍：新交通序列组织

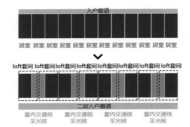

①号宿舍：平面交通和采光核

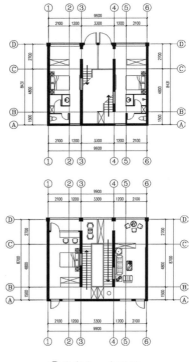

①号宿舍：户型图

①号宿舍：原入户交通空间解放为水景独院空间

②号宿舍改造策略：康养套间。

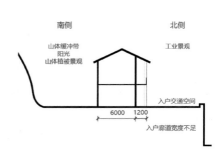

②号宿舍：现状与矛盾

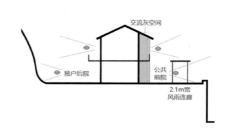

②号宿舍：新建廊道

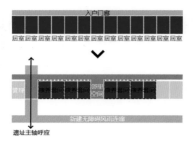

②号宿舍：改善邻里空间和遗址主轴呼应

③号宿舍改造策略：研学、旅游标准间 / 单人间 / 大床房。

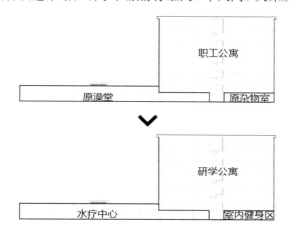

③号宿舍：配套建筑功能升级

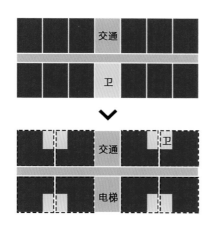

③号宿舍：平面户型升级

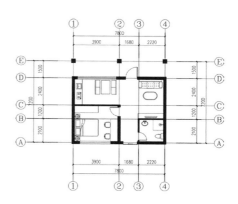

②号宿舍：康养型户

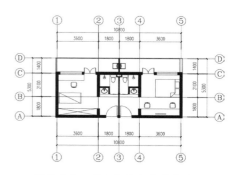

③号宿舍：单人间和大床房户型图

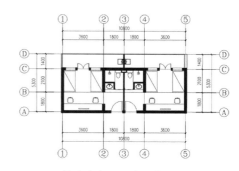

③号宿舍：标准间户型图

原职工澡堂改造为水疗中心

原职工宿舍居住功能升级

经济技术指标

红线范围面积：16914.8 m²

建筑基底面积：5121.3 m²

建筑面积：9255.3 m²

建筑密度：30.3%

容积率：0.55

绿地率：58.2%

总停车位：58 个

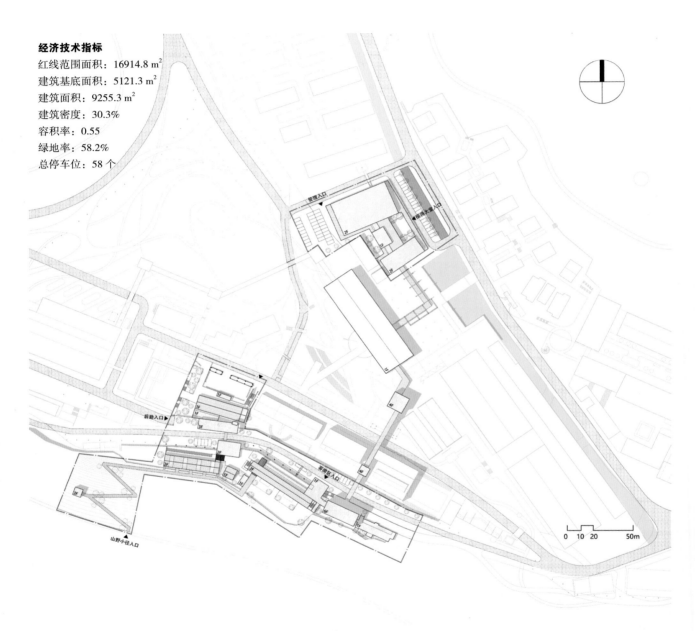

总平面图

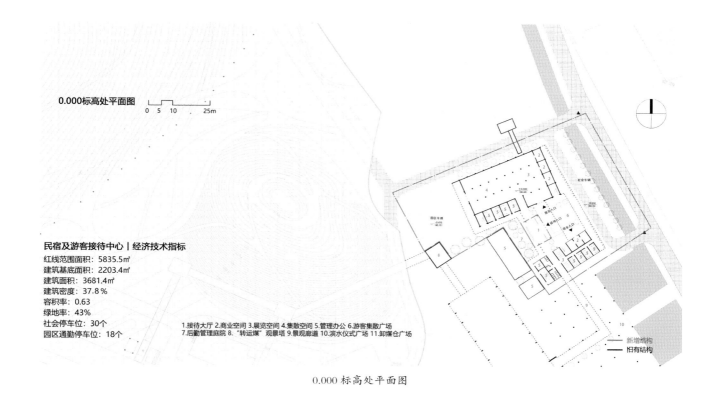

民宿及游客接待中心 | 经济技术指标

红线范围面积：5835.5㎡
建筑基底面积：2203.4㎡
建筑面积：3681.4㎡
建筑密度：37.8 %
容积率：0.63
绿地率：43%
社会停车位：30个
园区通勤停车位：18个

1.接待大厅 2.商业空间 3.展览空间 4.集散空间 5.管理办公 6.游客集散广场
7.后勤管理庭院 8."转运煤"观景塔 9.景观廊道 10.滨水仪式广场 11.卸煤仓广场

新增结构
旧有结构

0.000 标高处平面图

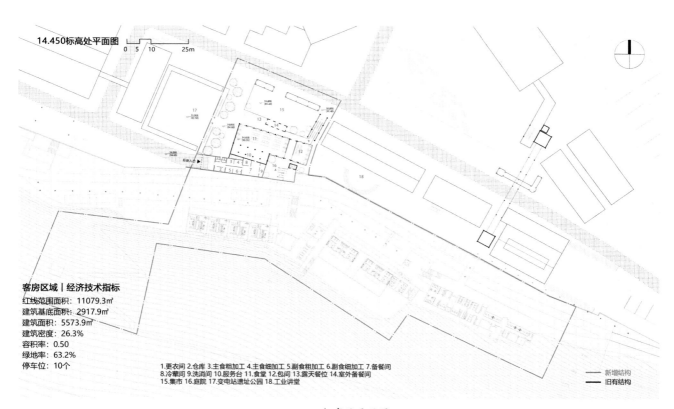

客房区域 | 经济技术指标

红线范围面积：11079.3㎡
建筑基底面积：2917.9㎡
建筑面积：5573.9㎡
建筑密度：26.3%
容积率：0.50
绿地率：63.2%
停车位：10个

1.更衣间 2.仓库 3.主食粗加工 4.主食细加工 5.副食粗加工 6.副食细加工 7.备餐间
8.冷藏间 9.洗消间 10.服务台 11.食堂 12.包间 13.露天餐位 14.室外备餐间
15.集市 16.庭院 17.变电站遗址公园 18.工业讲堂

新增结构
旧有结构

14.450 标高处平面图

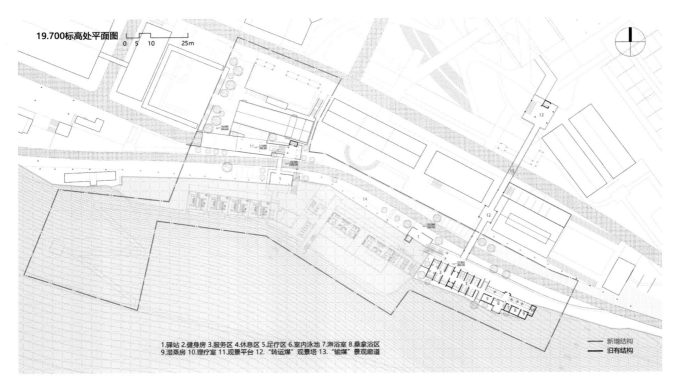

19.700标高处平面图

1.驿站 2.健身房 3.服务区 4.休息区 5.足疗区 6.室内泳池 7.淋浴室 8.桑拿浴区
9.湿蒸房 10.理疗室 11.观景平台 12."转运煤"观景塔 13."输煤"景观廊道

—— 新增结构
—— 旧有结构

19.700 标高处平面图

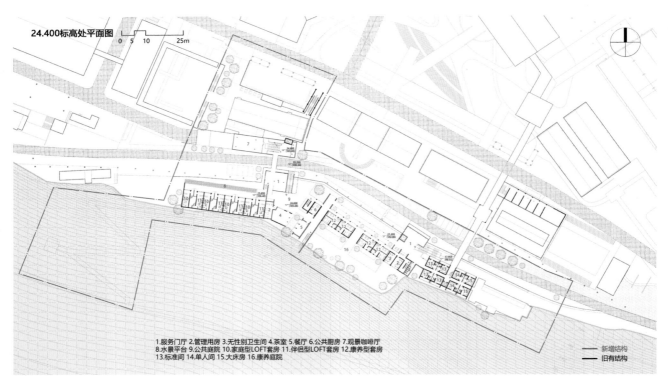

24.400标高处平面图

1.服务门厅 2.管理用房 3.无性别卫生间 4.茶室 5.餐厅 6.公共厨房 7.观景咖啡厅
8.水景平台 9.公共庭院 10.家庭型LOFT套房 11.伴侣型LOFT套房 12.康养型套房
13.标准间 14.单人间 15.大床房 16.康养庭院

—— 新增结构
—— 旧有结构

24.400 标高处平面图

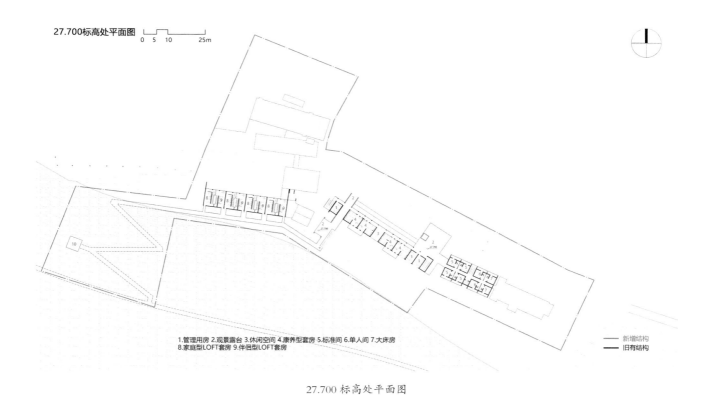

27.700标高处平面图   0 5 10 25m

1.管理用房 2.观景露台 3.休闲空间 4.康养型套房 5.标准间 6.单人间 7.大床房
8.家庭型LOFT套房 9.伴侣型LOFT套房

—— 新增结构
—— 旧有结构

27.700 标高处平面图

A–A 剖面图

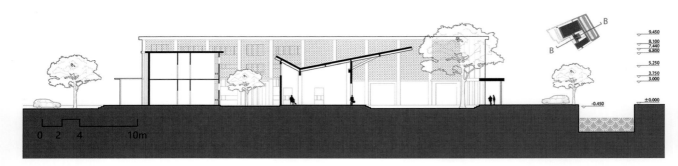

B-B 剖面图

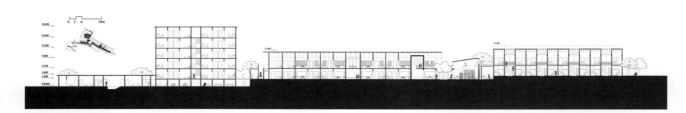

C-C 剖面图

客房区域东北立面图

0 2 4 10m

正立面图

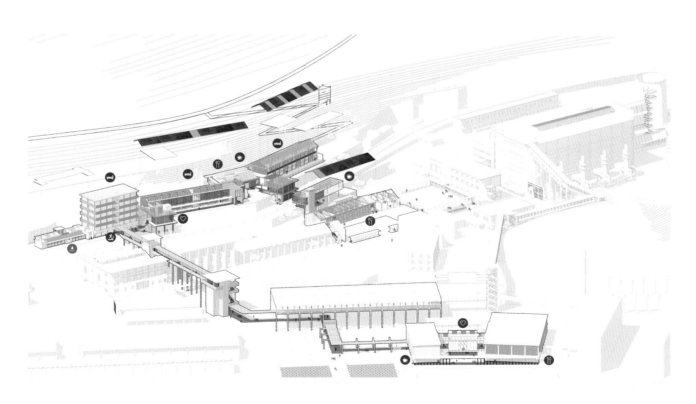

建筑轴侧鸟瞰图

建筑组团渲染图

作业评述

　　董哲：针对蒲圻纺织厂片区的现实状况，李卓同学延续了城市设计阶段的分区域、分阶段、多元化的开发思路，按照热电厂建成环境的特点引入分散式酒店的模式，展现了清晰且严密的设计逻辑。他将接待服务等公共空间、连接建筑单体的廊道、酒店房间妥当地称作"厅""廊""居"，由此不但将厂区原先的生产、办公、生活等复杂功能成功地囊括在分散式酒店的体系里，而且根据它们各自的结构尺度设计了多样的建筑空间，反映出建筑师应有的综合分析与设计能力。当然，李卓对场地潜能的挖掘可以更进一步。比如，分散式酒店的格局贯穿整个厂区，横跨场地不同标高，所连接的历史建筑时代、尺寸、结构、材质有较大差异，可以在酒店诸如交通和休憩的节点继续深入打磨，雕琢出更具空间表情的小空间，作为分散式酒店空间体系里的锚点来统摄场地体验。

在联合毕业设计结束后，我们邀请水思源和李卓同学梳理蒲纺现代建成遗产活化设计的学习，总结自己完成设计的过程，并对我们的教学组织提出反馈。我们将在这些反馈和讨论的基础上进一步改进现代建成遗产的教学方案。

水思源　　　　　　简称水
李卓　　　　　　　简称李

问题：请问你是如何理解和细化设计要求的？

水：在进行现场调研之前，我们对于任务书中的体量、功能等要求还是停留于纸面，无法与实际的城镇环境与空间体量形成联系，所以在设计过程中，理解和细化设计要求的第一步便是进行场地调研。蒲纺的场地实际情况与我们的想象还是有比较大的差异，随着工业生产退出历史舞台，场地的人工痕迹很大程度上被自然要素所侵蚀。亲身到达场地之后，我们才对我们将在什么样的环境中做设计有了一个全面的认识。

因为本次毕业设计的构成是小组进行整体策划与城市设计，所以我们在理解和拆分设计要求时，也是以小组为单位进行的。我们尝试将设计要求转化为"生产与技术""产业与策划"和"建造与风貌"三条线索，并且将三条线索分别细化为各自的设计目标，通过这种方式将任务书要求明确到每个人的设计任务。

对于设计要求进行细化之后，最为快速和直接的能够帮助我们理解设计要求的方法便是学习案例，从类似场地环境、文脉背景的项目中寻找一些规律和可以使用的手法。

李：本次设计工作分为社会调研、城市设计、建筑设计三阶段。

第一阶段是社会调研阶段，主要是对厂区工业遗产的解读与取证，此部分重在研究，我们细化为"历史文献研究—工业逻辑研究—建筑现状研究—价值评估"四步走，为后续城市设计和建筑设计提供基础。

第二阶段是城市设计，主要是对所选四个地块之一进行研究和设计，完成该片区基本的城市更新总体布局、业态等前期策划，为具体的建筑和工业遗产保护设计提供上位指导。我们通过研究国家政策、赤壁市发展政策、上位规划、蒲纺热电厂生产逻辑以及现状条件，总结现存的问题，提出了产业策划更新、自然廊道织补、交通系统重整、生产路径转译、工业建筑活化的城市设计策略。

第三阶段为建筑设计阶段，在城市设计的基础上，选取重点建筑进行改造更新设计，拟定详细的任务书，完成设计构思说明和相关设计成果表达。此部分我引入"分散式酒店"的运营概念，通过"厅、廊、居"的手法，应对复杂地形、激活闲置生活建筑遗产。

问题：怎样进行设计构思的？

水：回顾整个设计过程，我个人还是更偏向于有一条比较清晰的逻辑线。在整个设计过程中，我一直在思考如何将过去的工业遗产与城镇未来的发展需求进行匹配，匹配之后又应该具体落实到怎样的功能和开发模式。至于具体在进行建筑单体设计时，我更倾向于用一个策展逻辑串联起各个空间的设计，而非从空间形态本身入手。

李：我认为前期的理论学习非常重要。在开题之后，我进行了三线建设专题文献研究，学习了基于生产单元的工业遗产保护设计方法。此方法指导我进一步梳理热电厂厂区的工业生产逻辑，并将三条工业逻辑转化成城市设计层面的三条主题路径，建筑设计层面的工业研学路径。

问题：遇到了什么样的困难？是怎样克服的？

水：前期遇到的一个比较困扰的问题是应该如何进行这一片区的策划与整体设计。我觉得这一部分是因为我们在当时还是缺乏产业策划、城市经济这一方面的知识，因此对于产业应该如何策划，需要多大体量，这样的产业放在设计的场地环境中是否合理还是缺乏判断能力。这些问题或许可以通过对相似案例的规模测算以及简单的产业链分析来解决。另一部分是蒲纺的背景环境和我们之前所接触到的城市设计还是有很大差异，我们在入手时会发现很难寻找到城市线索，无论是数据上还是空间上，因为这一片区如同被定格在它停产的那一刻。但之后我们逐渐发现还是需要从遗产视角入手进行整体设计，关注厂区原本的生产逻辑以及受到生产逻辑影响的空间模式。

李：困难主要在城市设计层面，三位建筑专业学生组成的团队如何完成如此巨大设计范围的城市设计。最后"有的放矢"，通过"业态定位—梳理场地重要的结构与路径—深化节点"三步走来解决。

问题：完成毕业设计过程中最满意的经历？

李：最满意的经历是经过多次场地调研后，梳理出热电厂厂区的生产逻辑和生活逻辑。尤其是在资料不全的情况下，依据自己的建筑学知识，结合废弃建筑的地理位置及空间特点，推测废弃建筑的功能为澡堂，并进一步推测出热电厂生活区的工业逻辑：煤通过厂区铁路运送至堆煤场，再通过高架输煤廊道将煤送至锅炉房烧热水，最后运送至澡堂和宿舍、托儿所等生活建筑使用。这条空间线索贯穿了我的建筑设计部分。

问题：对毕业设计的教学过程，从开题调研到画图答辩，有什么改进建议？

水：对于毕业设计课题进行分阶段的设计（城市设计—建筑设计）的确能够帮助我们理解从区域策划到单体设计的整个过程，但是设计完成后进行复盘时，会发现单体设计与整体的城市设计还是存在一定的脱节。可以在城市设计的阶段完成一些重点地块的设计导则，或是对于整体片区的导则，以此来规定一些需要重点把控的要素（如街道宽度、建筑立面、遗产风貌等），不知道这样是否能强化城市设计与建筑设计的连续性。

李：一是调研形式上要弱化实地调研与设计两个阶段的时空割裂。希望调研阶段以工作营模式进行，联合多个学校集中调研、工作交流五天左右。

二是教学目标上应强化研究性设计思维训练的比重。毕业设计是对本科学习的总结，同时也是部分学生转向硕士研究生阶段学习的一个承接，它应该是一个更加综合性的设计思维锻炼的过程。

问题：关于最终图纸和陈述表达的构思？

水：对于遗产相关的建筑设计，如果有机会完善的话，希望可以增加关于材料方面的模型表达。在毕业设计中，对于材料的构思可能主要体现在图纸上，不如模型表达得清晰。

李：我的图纸和表达围绕着生活区工业逻辑的转译策略展开。在业态策划上，以体育馆为中心，建立工业研学的活力中心；在建筑设计层面，通过"厅、廊、居"的设计手法，对现有建筑进行研学功能的更新升级，同时对原有工业脉络进行梳理，尝试复现工业景观路径。

问题：是否还有其他任何关于毕业设计的感受或想法？

水：我有一个讨论，虽然毕业设计已经结束一年，我觉得它仍是一个非常宝贵的项目经历。经过这一年在城市设计方向的学习，我觉得可能在毕业设计前期阶段，对于策划与城市设计的理解还是比较浅的，包括对于更大范围（赤壁市）的产业理解，对于设计片区内空间结构的理解等，以至于我们对于相关的城市空间设计手法也较为生疏，比如，如何利用空间的收放、序列、转折去构建起区域结构。这些对于我们来说可能是需要长期培养的专业素养。

花　絮

测绘团队采访翁新俤先生　　　　　　测绘团队在蒲纺查阅历史图档

测绘现场

测绘团队夜间讨论　　　　　　　测绘团队在夜间画图

测绘团队外业查图

测绘团队内业查图　　　　　　　　　测绘成员现场庆生

团队在首届大学生历史建筑调研竞赛中汇报　　　　　热电厂小队现场合影

团队在首届大学生历史建筑调研竞赛中获二等奖

测绘成果在赤壁市档案馆展览

测绘成果在华中科技大学展览

参与蒲纺联合毕业设计的本校师生合影

联合毕业设计本校师生讨论

联合毕业设计答辩海报

致　谢

这是一本总结教学研究的书，内容得益于所有参与教学的华中科技大学师生的付出，所以在此首先记录他们的名字。

教师：谭刚毅，贾艳飞，徐利权，董哲，辜靖雯。

博士与硕士研究生：高亦卓，曹筱袤，耿旭初，马小凤，吕洁蕊，王翰涛，陈欣，王欣怡，邓原，黄之涵，马佳琪，邢翰华，蒋文武，江飞。

本科生：水思源，李卓，沈瀚哲，刘航，徐恒，隋卓见，崔芊宇，唐烨，万朔，张雨晴，郭孜熠，蔡旻轩，刘雪婷，刘俊飞，闫辰霄，吴昕瑶。

我们要感谢赤壁市规划局副局长但劲松，蒲纺工业园的诸位领导、职工与家属，陆水湖社区的领导和居民，以及参与2022年"全国高校城乡建成遗产保护'10+'联合毕业设计"的各院校师生，他们对于教学活动的鼎力支持和热情参与是我们获得成果的重要基础。

我们同样要感谢华中科技大学以李晓峰老师为首的建筑历史与理论团队的指导和帮助、黄亚平院长与学院各位同事的大力支持、闫辰霄同学在成书过程中的整理编辑工作和易彩萍编辑与华中科技大学出版社各位同仁的帮助。

最后，我们要感谢每一位造访荆泉山的客人。蒲纺当年的建设者大多已经老去，来此教学的师生已经离开，这本书的阅读也即将结束，但期望对于每位大山的客人，这些经历仍将作为遗产绽放在他们尚待展开的未来。